Soziale Kompetenzen

Praxis der Personalpsychologie
Human Resource Management kompakt
Band 10

Soziale Kompetenzen
von Dr. Uwe Peter Kanning

Herausgeber der Reihe:

Prof. Dr. Heinz Schuler, Dr. Rüdiger Hossiep,
Prof. Dr. Martin Kleinmann, Prof. Dr. Werner Sarges

Soziale Kompetenzen

Entstehung, Diagnose und Förderung

von
Uwe Peter Kanning

HOGREFE
GÖTTINGEN · BERN · WIEN
TORONTO · SEATTLE · OXFORD · PRAG

Dr. phil. Uwe Peter Kanning, geb. 1966. 1987-1993 Studium der Psychologie, Pädagogik und Soziologie in Münster. 1993-1994 Studium an der University of Kent at Canterbury, England, als Stipendiat des DAAD. Ab 1994 DFG-Promotionsstipendium. 1997 Promotion. Seit 1997 wissenschaftlicher Mitarbeiter, seit 1999 Akademischer Rat, seit 2005 Akademischer Oberrat in der Beratungsstelle für Organisationen (BfO) der Universität Münster.

Bibliografische Information Der Deutschen Bibliothek

Die Deutsche Bibliothek verzeichnet diese Publikation in der Deutschen Nationalbibliografie; detaillierte bibliografische Daten sind im Internet über http://dnb.ddb.de abrufbar.

Göttingen • Bern • Wien • Toronto • Seattle • Oxford • Prag
Rohnsweg 25, 37085 Göttingen

http://www.hogrefe.de
Aktuelle Informationen • Weitere Titel zum Thema • Ergänzende Materialien

---

Umschlagbild: © Bildagentur Mauritius GmbH
Satz: Grafik-Design Fischer, 99423 Weimar
Druck: AZ Druck und Datentechnik GmbH, 87437 Kempten/Allgäu
Printed in Germany
Auf säurefreiem Papier gedruckt

ISBN 3-8017-1775-5

Inhaltsverzeichnis

Karten:

1 Soziale Kompetenz – Konzept und Bedeutung

Seit einigen Jahren findet das Konzept der sozialen Kompetenz sowohl in der personalpsychologischen Forschung (z. B. Borman, Penner, Allen & Motowidlo, 2001) und populärwissenschaftlichen Publikationen (z. B. Faix & Laier, 1991; Goleman, 1995) also auch in der praktischen Personalarbeit (z. B. Holling, Kanning & Hofer, 2003; Kanning & Walter, 2003) zunehmende Beachtung. Dabei werden häufig teilsynonyme Begriffe wie etwa „soft skills" oder „emotionale Intelligenz" verwendet.

Faix und Laier (1991) sehen in der sozialen Kompetenz das „Potential zum unternehmerischen und persönlichen Erfolg" eines Menschen. Ja mehr noch, sie erscheint ihnen gleichsam als das „Lebenselixier der Wirtschaft" (S. 41). Ein wenig nüchterner mag die Sichtweise in vielen Personalabteilungen sein. Doch kaum ein Personalchef wird heute wohl in Zweifel ziehen, dass soziale Kompetenzen – also beispielsweise Teamfähigkeit oder Konfliktfähigkeit – in solchen Berufen, in denen Mitarbeiter mit anderen Menschen kommunizieren müssen, von elementarer Bedeutung sind. Ein Blick auf die Stellenanzeigen des Internets oder überregionaler Zeitungen bestätigt diesen Eindruck. Neben fachlichen Qualifikationen und Leistungsmotivation verzichtet kaum eine Stellenausschreibung darauf, soziale Kompetenzen bei den Bewerber einzufordern (vgl. Crisand, 2002). Manch einer nimmt an, dass Frauen in stärkerem Maße als Männer über soziale Kompetenzen verfügen und leitet hieraus die Forderung nach einer stärkeren Präsenz von Frauen in Führungspositionen ab (siehe Ardelt & Berger, 1995; Schaufler, 2000; Obermann & Weber, 1995). Welche Position nimmt die Wissenschaft in dieser Diskussion ein? Gibt es hinreichende empirische Belege für die skizzierten Überzeugungen? Welche Konsequenzen ergeben sich ggf. hieraus für die Personaldiagnostik und die Personalentwicklung?

1.1 Definitionen

Die psychologische Forschung beschäftigt sich seit vielen Jahrzehnten mit dem Phänomen der sozialen Kompetenz. Ein Blick in die elektronische Datenbank PsycINFO, in der die internationale Fachliteratur katalogisiert wird, dokumentiert einen positiven Entwicklungstrend (vgl. Abbildung 1). Während sich vor rund 50 Jahren gerade mal ein Dutzend psychologischer Fachpublikationen des Themas annahmen sind es in den letzten zehn Jahren gut 500 Publikationen, die den Begriff „soziale Kompetenz" im Titel tragen und mehr als 1.400 in denen der Begriff im Abstract auftaucht.

Wir haben es also offenbar nicht nur mit einem historischen Thema zu tun. Vielmehr blüht die einschlägige Forschung mehr denn je (siehe auch Kanning, 2002a). Die nähere Analyse verrät jedoch, dass nur ein vergleichsweise kleiner Teil der Veröffentlichungen der Personalpsychologie zugerecht werden kann. Die meiste Forschung ist in der Klinischen Psychologie sowie der Entwicklungspsychologie verortet. Allerdings täuscht auch dieser Blick ein wenig, da viele Untersuchungen, die für unsere Betrachtung relevant sind, nicht explizit das Label „soziale Kompetenz" tragen, sich aber dennoch intensiv mit dem Sozialverhalten von Menschen im beruflichen Kontext auseinander setzen. Man denke in diesem Zusammenhang nur einmal an die mehr als umfangreiche Literatur zum Führungsverhalten.

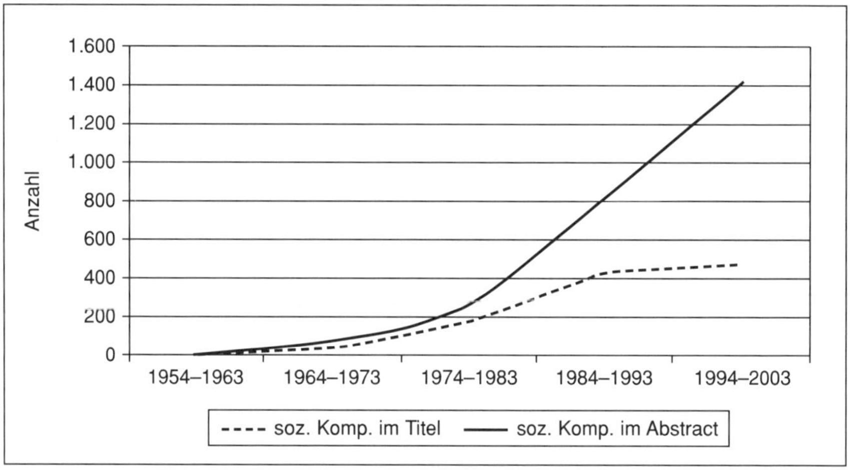

Abbildung 1:
Häufigkeit internationaler Publikationen zum Konzept der sozialen Kompetenz

1.1.1 Soziale Kompetenz als Anpassung

soziale Kompetenz als Anpassung

Die unterschiedlichen Disziplinen der Psychologie setzen in der Definition sozialer Kompetenz jeweils spezifische Akzente. So betonen entwicklungspsychologische Definitionen häufig den Aspekt der *Anpassung* des einzelnen Menschen an die Normen und Werte einer sozialen Gemeinschaft (DuBois & Felner, 1996; Waters & Sroufe, 1983). Im Laufe der Sozialisation erlernt der Mensch bestimmte Verhaltensregeln, die im Umgang mit seinen Artgenossen erwünscht sind und die zu einem friedfertigen oder doch zumindest reibungslosen Ablauf zwischenmenschlicher Kontakte wichtig sind. Auch im Berufsleben spielt die Anpassung eine nicht unwesentliche Rolle. Neue Mitarbeiter, die in ein Arbeitsteam aufgenommen werden, müssen sich bis zu einem gewissen Grade an die bestehenden Regeln anpassen. Nur so kann ein Team überhaupt entstehen und effektiv agieren. Gleiches gilt für den Umgang mit Kunden oder Vorgesetzten. Selbst dann, wenn ihm das unmittelbare Gegenüber unsympathisch ist, muss sich der Mitarbeiter an bestimmte Höflichkeitsrituale halten, damit die Organisation als Ganzes ihre Ziele verwirklichen kann. Würde jeder Mitarbeiter ohne Rücksicht auf andere allein seinen individuellen Handlungsimpulsen folgen, so wären Konflikte bis hin zu einem Auseinderbrechen der gesamten Organisation die Folge.

1.1.2 Soziale Kompetenz als Durchsetzung

soziale Kompetenz als Durchsetzung

Klinisch-psychologische Definitionen sozialer Kompetenz akzentuieren demgegenüber oft den Aspekt der *Durchsetzung* eigener Interessen in sozialen Kontexten (Hinsch & Pfingsten, 2002; Waters & Sroufe, 1983). Den Hintergrund hierfür liefert die Behandlung sozialer Phobien. Wer Angst davor hat, seine eigene Meinung zu äußern, nicht auf andere Menschen zugehen kann oder sich ihnen sogar blindlings unterordnet, lebt in ständiger Anspannung. Therapeutische Interventionen helfen bei der Überwindung der Defizite und steigern so die Lebensqualität (z. B. Hinsch & Pfingsten, 2002). Auch der Aspekt der Durchsetzungsfähigkeit ist im beruflichen Leben relevant. Bei Führungskräften ist dies besonders offensichtlich. Eine Führungskraft, die nicht in der Lage wäre, einen Standpunkt mit Nachdruck zu vertreten, könnte wohl kaum die in sie gesetzten Erwartungen erfüllen. Und auch im Rahmen der Teamarbeit ist ein gewisses Maß an Durchsetzungsfähigkeit der Gruppenmitglieder durchaus erwünscht. Die kreativen Potenziale der Gruppenarbeit können sich nur dann entfalten, wenn sich jedes Teammitglied aktiv einbringt und für eigene Ideen verteidigt.

1.1.3 Soziale Kompetenz und sozial kompetentes Verhalten

Kompromiss zwischen Anpassung und Durchsetzung

Umfassende Definitionen vereinigen beide Aspekte. Die soziale Kompetenz eines Menschen ermöglicht demnach einen Kompromiss zwischen den Ansprüchen, die die soziale Umwelt an den Einzelnen stellt und seinen eigenen Interessen, die es auch in sozialen Kontexten zu verwirklichen gilt (z. B. Anton & Weiland, 1993; Döpfner, Schlüter & Rey, 1981; Kanning, 2002b; Riemann & Allgöwer, 1993). In diesem Zusammenhang ist es hilfreich zwischen den *Kompetenzen* eines Menschen und einem *kompetenten Verhalten* zu differenzieren (Ford, 1985). Die sozialen Kompetenzen liegen im Verborgenen und wirken im Sinne eines Potenzials auf das Verhalten in konkreten Situationen. Verdeutlichen wir uns diesen Sachverhalt einmal anhand eines einfachen Beispiels aus einem völlig anderen Forschungsbereich. Intellektuelle Hochbegabung – in der Regel definiert als ein Intelligenzquotient von mehr 130 Punkten – bildet die Grundlage für außergewöhnliche Leistungen in Schule oder Studium. Dennoch wird ein Mensch, der hoch begabt ist, keineswegs immer intellektuelle Spitzenleistungen erbringen. Oftmals finden

Kompetenz vs. kompetentes Verhalten

sich sogar in der Haupt- oder Realschule weit überdurchschnittlich intelligente Kinder, die nur durchschnittliche Schulleistungen erbringen. Die Intelligenz bildet das Potenzial für intellektuelle Leistungen, das jedoch nicht in jeder Situation optimal entfaltet werden kann. Ähnlich verhält es sich mit der sozialen Kompetenz. Ein Mensch, der über eine hohe soziale Kompetenz verfügt – also z. B. in der Lage wäre, einen Streit unter Kollegen in wenigen Minuten zur Zufriedenheit aller beizulegen – wird dieses Potenzial nicht in jeder beliebigen Situation auch voll zum Einsatz bringen können. Mitunter gelingt es ihm also nicht, einen Streit zu schlichten oder mehr noch, er trägt selbst vielleicht zur Eskalation der Situation bei. Bedenken wir dies, so kommen wir vor dem Hintergrund der genannten Überlegungen zu den folgenden Definitionen (Kanning, 2002b).

Definitionen

Sozial kompetentes Verhalten = Verhalten einer Person, das in einer spezifischen Situation dazu beiträgt, die eigenen Ziele zu verwirklichen, wobei gleichzeitig die soziale Akzeptanz des Verhaltens gewahrt wird.

Soziale Kompetenz = Gesamtheit des Wissens, der Fähigkeiten und Fertigkeiten einer Person, welche die Qualität eigenen Sozialverhaltens – im Sinne der Definition sozial kompetenten Verhaltens – fördert.

Sozial kompetentes Verhalten findet immer in konkreten Situationen, z. B. im Gespräch mit einem Kunden, einer Auseinandersetzung mit Kollegen oder bei der Präsentation einer Projektarbeit vor dem Vorstand statt. Wir bezeichnen das Verhalten als sozial kompetent, wenn der Handelnde in der Situation einerseits eigene Ziele verwirklichen kann und dabei andererseits eine Akzeptanz des Verhaltens im sozialen Kontext bewährleistet ist. Im Falle des Kundengespräches besteht sein Ziel beispielsweise darin, dem Kunden ein bestimmtes Produkt zu verkaufen[1]. Gelingt ihm die Umsetzung dieses Vorhabens, so können wir noch nicht von einem sozial kompetenten Verhalten sprechen, denn es stellt sich erst einmal die Frage, inwieweit er zur Erreichung seines Zieles sozial akzeptierte Mittel eingesetzt hat. Sozial akzeptiert wäre z. B. der Austausch von Argumenten, während ein Belügen oder gar eine Bedrohung des Kunden wohl kaum zu akzeptieren wäre. An diesem Beispiel werden drei Prinzipien der Definition sozial kompetenten Verhaltens deutlich (Kanning, 2002b):

sozialer Bezugspunkt

1) Das Verhalten kann erst dann als mehr oder weniger kompetent bezeichnet werden, wenn wir es in einen Bezug zur sozialen Umgebung setzen *(sozialer Bezugspunkt)*. Ein und dasselbe Verhalten kann in Abhängigkeit vom gewählten Bezugspunkt als kompetent oder als inkompetent

1 In Berufssituationen ergeben sich die Ziele oftmals aus einer sozialen Rolle, die der Handelnde ausfüllen muss. Im Beispiel ist es dem Mitarbeiter wichtig, ein Produkt zu verkaufen, weil diese Tätigkeit zu seiner Funktion im Unternehmen zählt. Das Ziel wird somit durch einen sozialen Kontext definiert.

gelten. Ist der Mitarbeiter in unserem Beispiel in einem zwielichtigen Unternehmen beschäftigt, so wird hier man auch ein Belügen des Kunden akzeptieren. Wählt man als sozialen Bezugspunkt hingegen den Kunden selbst, so muss das Belügen wohl als inakzeptabel und damit als inkompetent gelten.

2) Die Definition sozial kompetenten Verhaltens ist niemals frei von Werten *(evaluativer Bezugspunkt)*. Wenn wir den Begriff der sozialen Kompetenz verwenden, dann beschreiben wir nicht einfach ein Verhalten, sondern bringen zum Ausdruck, dass es sich um etwas Positives handelt (Faix & Laier, 1991). Eine solche Bewertung kann vor dem Hintergrund sehr unterschiedlicher Wertesysteme entstehen, was wiederum zur Folge hat, dass ein und dasselbe Verhalten als mehr oder weniger sozial kompetent bewertet werden kann. In unserem Beispiel wählen die Vertreter des zwielichtigen Unternehmens offensichtlich ein anderes Wertsystem als der Kunde selbst. Die Wahl des Wertesystems ist jedoch nicht an einen bestimmten sozialen Bezugspunkt gebunden. So könnte der Kunde durchaus auch ein unehrliches Verhalten seines Gegenübers akzeptiert, wenn er Verkaufsgespräche beispielsweise als eine Art sportlichen Wettstreit betrachtet, bei dem der geschicktestes Taktierer zu Recht gewinnt.

evaluativer Bezugspunkt

3) Die Definition sozial kompetenten Verhaltens bezieht sich immer nur auf einen bestimmten Zeitabschnitt *(temporaler Bezugspunkt)*. Nehmen wir die Bewertung nur im Hinblick auf den Abschluss des Kundengespräches vor, so interessiert uns ausschließlich, ob das Produkt unter Einsatz akzeptierter Mittel verkauft wurde. Neben dem kurzfristigen Ziel, das Produkt zu verkaufen, besitzt das Unternehmen aber auch langfristige Ziele. Erkennt der Kunde nach einigen Wochen, dass er belogen wurde und verklagt daraufhin das Unternehmen, so können derartige Ziele verletzt werden. Möglicherweise wird das Image des Unternehmens so weit geschädigt, dass sich viele potenzielle Kunden zurückziehen. Ein kurzfristig betrachtet kompetentes Verhalten des Mitarbeiters erscheint somit in der langfristigen Perspektive als inkompetent.

temporaler Bezugspunkt

Jedes Unternehmen, das zum Zwecke der Personalauswahl oder -entwicklung mit dem Konzept der sozialen Kompetenz arbeitet, muss für sich selbst die genannten Bezugspunkte definieren. *Das* sozial kompetente Verhalten gibt es ebenso wenig, wie den ultimativen Mitarbeiter der unabhängig von allen Rahmenbedingungen in jedem Unternehmen und auf jeder beliebigen Position maximal erfolgreich wäre. Daher kommt man nicht umhin, für einen bestimmten Arbeitsplatz bzw. eine berufliche Aufgabe ganz konkret zu definieren, was in diesem Fall sozial kompetentes Verhalten bedeutet.

es gibt nicht *das* sozial kompetente Verhalten

Sozial kompetentes Verhalten ist immer kontextabhängig zu definieren. In unterschiedlichen Situationen erscheint unterschiedliches Verhalten angemessen und damit auch mehr oder minder sozial kompetent. Die Basis des Sozialverhaltens liefern die soziale Kompetenz. Sie wird situationsübergreifend definiert. Abbildung 2 verdeutlicht diesen Zusammenhang.

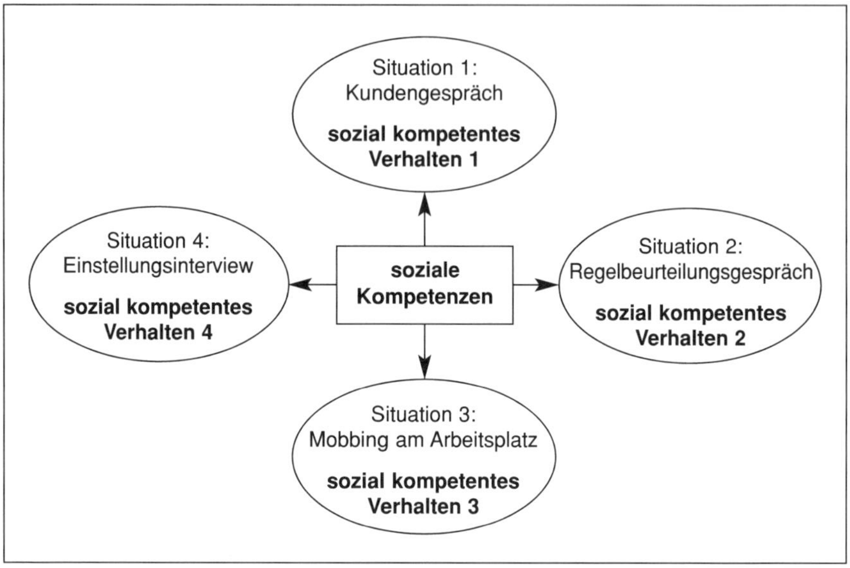

Abbildung 2:
Zusammenhang zwischen Kompetenzen und Verhalten

es gibt viele soziale Kompetenzen

Bei der sozialen Kompetenz handelt es sich genau genommen nicht um eine singuläre Eigenschaft sondern vielmehr um ein ganzes Bündel von Kompetenzen. Daher ist es auch üblich, statt von sozialer Kompetenz, von *sozialen Kompetenzen* zu sprechen (z. B. Schuler & Barthelme, 1995). Sie umfassen Bestandteile des Wissens sowie Fähigkeiten und Fertigkeiten eines Menschen. Das sozial relevante *Wissen* bezieht sich keineswegs nur auf eine einzelne Situation, sondern ist viel weitreichender. So weiß z. B. ein Personalberater, der zum ersten Mal ein neues Unternehmen besucht, dass es nicht angemessen wäre, dem Personalchef auf die Schulter zu klopfen oder ihn gar zu küssen. Selbst dann, wenn er durch seinen ersten Besuch firmenspezifisches Wissen erwirbt (Namen und Funktionen der Gesprächspartner, Einschätzung ihrer Persönlichkeit etc.), so handelt es sich auch in diesem Fall um situationsübergreifendes Wissen. Es besitzt auch dann noch Gültigkeit, wenn der Berater die Firma verlässt und vielleicht in einer Woche zurückkehrt. Das Wissen bezieht sich sowohl auf Fakten als auch auf Prozesse (deklaratives und prozedurales Wissen; Jones & Day, 1997). *Fähigkeiten* sind per Definition als abstrakte Verhaltenspotenziale eines Menschen zu verstehen, die situationsübergreifend bestehen (vgl. Kanning 2004). Man denke in diesem Zusammenhang beispielsweise an rhetorische Fähigkeiten, eine grundsätzliche Teamorientierung oder an die Durchsetzungsfähigkeit eines Menschen. Sie versetzen den Mitarbeiter in die Lage unterschiedlichste Aufgaben zu bewältigen. *Fertigkeiten* sind demgegenüber weniger abstrakte, erlernte Verhaltenspotenziale (vgl. Kanning, 2004). Hierzu zählen z. B.

Begrüßungs- oder Höflichkeitsrituale. Auch sie beziehen sich nicht auf eine einzelne Situation, die nie mehr wiederkehrt, sondern wirken zumindest für eine Klasse von Situationen, also z. B. für viele Begrüßungszeremonien an unterschiedlichen Orten, zu verschiedenen Zeiten und mit immer wieder anderen Menschen.

1.2 Dimensionen sozialer Kompetenz

Bei der sozialen Kompetenz handelt es sich um ein *multidimensionales Konzept*. Unser Verhalten gegenüber anderen Menschen wird nicht durch eine einzelne sehr globale Kompetenz determiniert, sondern ist vielmehr durch das Zusammenspiel mehrerer Kompetenzen geprägt (siehe etwa Anton & Weiland, 1993; Marlowe, 1986; Riemann & Allgöwer, 1993; Schuler & Barthelme, 1995). Welches sind im Einzelnen diese Kompetenzen? Bislang existiert keine empirisch abgesicherte Taxonomie. Stattdessen stellen viele Autoren auf der Basis von Plausibilitätsbetrachtungen Kompetenzkataloge zusammen, die für ihre Forschungsarbeit von besonderer Bedeutung sind. Tabelle 1 gibt einen kurzen Einblick in einiger dieser Kataloge. Wir sehen, die Ansätze unterscheiden sich nicht nur inhaltlich, sondern auch ganz erheblich in ihrem Umfang.

Tabelle 1:
Ausgewählte Kataloge sozialer Kompetenzen

Argyle (1969)	**Faix & Laier (1989, 1991)**		**Schuler & Barthelme (1995)**
– Belohnungsfunktion – Dominanz-Submission – Extraversion und Affiliation – Gelassenheit – soziale Ängstlichkeit – Interaktionsfertigkeiten – Rollenübernahmefähigkeit – Wahrnehmungssensitivität	– Achtung vor anderen Menschen – Ambiguitätstoleranz – Aufrichtigkeit – Bedürfnisaufschub – Sensibilität für eigene Bedürfnisse – Bindungsfähigkeit – Einfühlungsvermögen – Fairness – Frustrationstoleranz – Hilfsbereitschaft – Integrationsfähigkeit – Kommunikationsfähigkeit – Kompromissfähigkeit	– Konfliktfähigkeit – Kooperationsfähigkeit – Kritikfähigkeit – Offenheit – Partnerschaft – Rollendistanz – Selbststeuerung – Sensibilität für zwischenmenschliche Probleme – Solidarität – Toleranz – Transparenz – Verantwortungsbewusstsein – Verständnisbereitschaft – Vertrauensbereitschaft – Vorurteilsfreiheit	– kommunikative Kompetenz – Kooperations- und Koordinationsfähigkeit – Teamfähigkeit – Konfliktfähigkeit – Interpersonale Flexibilität – Rollenflexibilität – Durchsetzung – Empathie – Sensibilität

In einer Durchsicht aktueller bzw. häufig zitierter Kataloge findet Kanning (1999a) mehr als 100 Begriffe. Dabei handelt es sich allerdings überwiegend um Synonyme und oftmals um Konstrukte, die sich wiederum aus dem Zusammenspiel mehrerer Kompetenzen ergeben, wie etwa Führungskompetenzen oder Teamfähigkeit. Fasst man nun Synonyme unter einen gemeinsamen Begriff zusammen, so ergeben sich 15 Kompetenzen (vgl. Abbildung 3; Kanning 2002b). Eine erste faktorenanalytische Untersuchung ergibt fünf Faktoren zweiter Ordnung (Kanning, 2002c):

- soziale Wahrnehmung (sich mit dem Verhalten anderer Menschen, dem eigenen Verhalten und den Reaktionen anderer auf das eigene Verhalten auseinander setzen; Perspektivenübernahme),
- Verhaltenskontrolle (emotional stabil sein, eine hohe internale und geringe externale Kontrollüberzeugung aufweisen),
- Durchsetzungsfähigkeit (eigene Ziele erfolgreich verwirklichen können, extravertiert sein, Konflikten nicht aus dem Weg gehen),
- soziale Orientierung (sich für die Interessen anderer einsetzen, Werte anderer Menschen tolerieren) und
- Kommunikationsfähigkeit (anderen zuhören und gleichzeitig verbal Einfluss nehmen können).

Eine Überprüfung der Stabilität dieser Faktorenstruktur steht noch aus. Doch selbst wenn sie sich als stabil erweisen sollte ist damit ein grundlegendes Problem keineswegs gelöst. Alle genannten Kompetenzen besitzen zunächst einmal nur eine hypothetische Bedeutung für die Steuerung des Sozialverhaltens. Die Frage, welchen Kompetenzen in welchen Situationen eine signifikante Bedeutung zukommt muss in Zukunft empirisch beantwortet werden. Insofern kommt Abbildung 3 einstweilen nur ein heuristischer Wert zu. Für die Praxis des Personalmanagements ist dies jedoch eher von untergeordneter Bedeutung. Hier wird man ohnehin nur mit den Kompetenzen arbeiten, die sich vor dem Hintergrund von Anforderungs- oder Bedarfsanalysen für den konkreten Anwendungsfall als bedeutsam erwiesen haben.

allgemeine vs. spezifische soziale Kompetenzen

Die in Abbildung 3 aufgelisteten Kompetenzen bezeichnen wir in Anlehnung an Reschke (1995) als *allgemeine soziale Kompetenzen*. Es handelt sich um sehr abstrakte Konzepte ohne direkten Bezug zu einer konkreten beruflichen Tätigkeit. Im Prinzip kann sie jeder Mensch in unterschiedlicher Ausprägung ausbilden. Hiervon abzugrenzen sind *bereichsspezifische soziale Kompetenzen*, die für ein ganz konkretes (berufliches) Setting von großer Bedeutung sind (siehe auch Reschke, 1995). Sie werden im Rahmen von Berufsausbildungen oder durch die praktische Tätigkeit im Beruf erworben und stellen spezifische Ausformungen allgemeiner Kompetenzen dar. Stellen wir uns zur Verdeutlichung einmal eine Kindergärtnerin und einem Manager vor (vgl. Abbildung 4). Ohne Zweifel müssen beide in ihrem Beruf über ein gewisses Maß an Durchsetzungsfähigkeit verfügen. Die berufsspezifische Ausformung dieser allgemeinen Kompetenz ist jedoch sehr unter

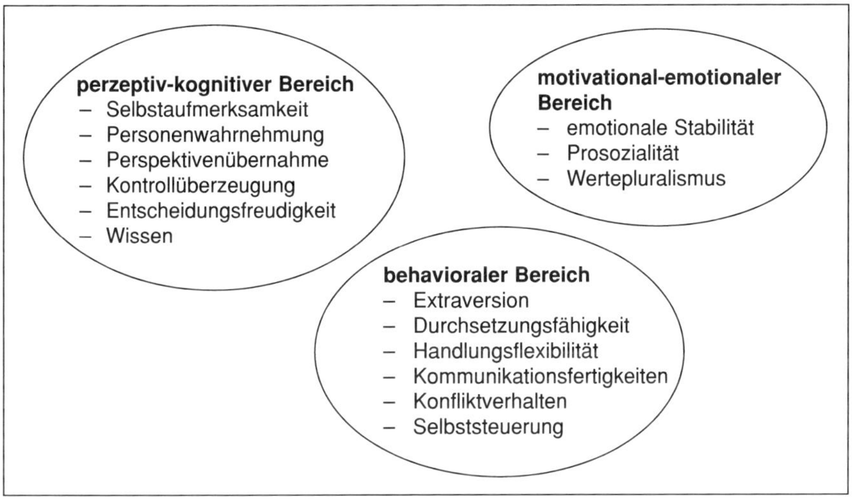

Abbildung 3:
Allgemeine soziale Kompetenzen

schiedlich. Obwohl beide eine hohe allgemeine Durchsetzungsfähigkeit besitzen, könnte man sie nicht einfach austauschen, selbst dann nicht, wenn sie über die Fachkompetenzen des jeweils anderen verfügen würden. Der Grund hierfür liegt darin, dass beide Arbeitsplätze sehr unterschiedliche spezifische Ausformungen der Durchsetzungsfähigkeit erfordern. Die Anforderungsprofile der Arbeitsplätze unterscheiden sich nicht in der allgemeinen, wohl aber in der spezifischen sozialen Kompetenz.

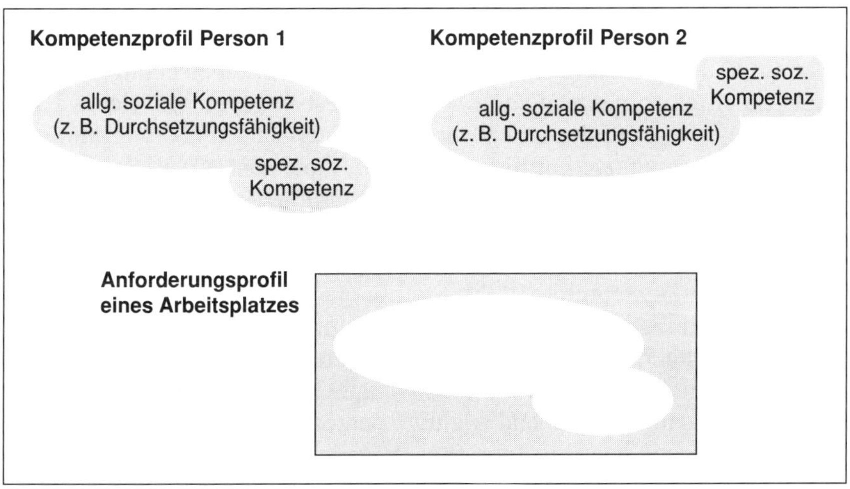

Abbildung 4:
Allgemeine und spezifische soziale Kompetenzen

Die Unterscheidung zwischen allgemeinen und bereichsspezifischen sozialen Kompetenzen ist von großer Bedeutung für die Personalarbeit. Während in der Personaldiagnostik beide Formen von Interesse sind, beschränkt man sich in der Personalentwicklung meist auf letztere. Allgemeine soziale Kompetenzen können beispielsweise im Sinne eines Entwicklungspotenzials bei der Auswahl von Nachwuchsführungskräften relevant sein. Verfügen die Probanden bereits über Berufserfahrung, so interessiert man sich eher für die Diagnose und Weiterentwicklung spezifischer Kompetenzen. Wir werden auf diese Punkte in den Kapiteln 3 und 4 noch einmal zurückkommen.

1.3 Verwandte Konzepte

Neben der sozialen Kompetenz finden sich in Forschung und Praxis mehrere Begriffe, die als Synonym oder als spezifische Facette der sozialen Kompetenz verwendet werden. Die drei wichtigsten Begriffe wollen wir im Folgenden kurz vorstellen.

1.3.1 Soziale Intelligenz

soziale Intelligenz

Am Anfang der wissenschaftlichen Auseinandersetzung steht das Konzept der *sozialen Intelligenz*. Bereits 1920 definiert Thorndike soziale Intelligenz als die Fähigkeit, andere Menschen zu verstehen und „weise" zu handeln. Im Gegensatz zum heutigen Intelligenzbegriff fokussiert er somit nicht nur Aspekte der kognitiven Informationsverarbeitung. Auch das Handeln an sich findet Berücksichtigung. Verwendet man den Begriff der sozialen Intelligenz in diesem Sinne, so kann er als ein Synonym der sozialen Kompetenz gelten (z. B. Marlowe, 1986; Riggio, 1986). Die Forschungstradition zeigt jedoch einen ganz anderen Weg auf. Testverfahren, mit deren Hilfe die soziale Intelligenz gemessen werden soll, verwenden überwiegend sehr abstrakte, rein kognitive Leistungsaufgaben. Dabei geht es z. B. um die richtige Deutung nonverbaler Signale oder die Ordnung von Bildern zu einer sinnvollen Bildgeschichte. Es überrascht nicht, dass die Leistung in derartigen Tests sehr hoch mit der allgemeinen Intelligenz der Probanden korreliert (Orlik, 1978; Schmidt, 1995). Sternberg (1985) integriert folgerichtig die soziale Intelligenz in sein allgemeines Modell der menschlichen Intelligenz. Verwenden wir den Begriff in diesem reduzierten Sinne, so kann er nur noch als eine Facette der sozialen Kompetenz gelten. Die soziale Intelligenz würde dementsprechend wichtige perzeptiv-kognitive Kompetenzen zusammenfassend kennzeichnen (vgl. Cantor & Harlow, 1994; Janker & Merklinger, 1988). Welcher Einordnung ist nun aber der Vorzug zu geben? In Anbetracht der Tatsache, dass sich der Intelligenzbegriff im ureigensten Sinne auf die kognitive Leistungsfähigkeit eines Menschen bezieht, erscheint die zweite Einordnung sinnvoller als die erste. Ein synonymer Gebrauch führt eher zur Verwirrung und fördert überdies die inflationären Verwendung und Aufweichung des Intelligenzbegriffes (vgl. Asendorpf, 2002; Schuler, 2002).

1.3.2 Emotionale Intelligenz

Ein ebenfalls verwandter Begriff hat vor allem durch die populärwissenschaftliche Publikation von Goleman (1995) große öffentliche Aufmerksamkeit erregt. Die Rede ist von der *emotionalen Intelligenz*. Goleman fasst hierunter eine bunte Mischung unterschiedlichster Fähigkeiten des Menschen zusammen. Die Auswahl ist ebenso willkürlich, wie das verbindende Element der Fähigkeiten, das einen gemeinsamen Oberbegriff rechtfertigen würde, im Verborgenen bleibt. Letztlich bleibt nicht viel mehr als eine Ansammlung positiver Eigenschaften, wie etwa: Optimismus, Gewissenhaftigkeit, Motivation, Soziale Verantwortung, Empathie, Selbstvertrauen, Belastbarkeit etc. (vgl. Schuler, 2002). Goleman wird daher zu Recht heftig kritisiert (siehe Asendorpf, 2002; Heller, 2002; Schuler, 2002; Sieben, 2003). Das Konzept der emotionalen Intelligenz geht ursprünglich auf Salovey und Mayer (1990; Salovey, Mayer, Goldman, Turvey & Palfai, 1995) zurück und wird hier deutlich eingeschränkter definiert. Es umfasst fünf Facetten. Wer eine hohe emotionale Intelligenz besitzt kann eigene Emotionen sowie die Emotionen anderer Menschen korrekt interpretieren. Darüber hinaus ist er in der Lage, eigene Emotionen zu regulieren, auszudrücken und nutzenbringend einzusetzen. Auch hier stellt sich wieder die Frage, inwieweit der Intelligenzbegriff sinnvoll ist. Solange es um die kognitive Verarbeitung emotionale Zustände geht, ist die Bezeichnung „Intelligenz" plausibel. Die Nutzbarmachung der Emotionen verweist hingegen auf Handlungen, die in der Folge kognitiver Operationen stehen. Asendorpf schlägt daher den allgemeineren Begriff der „emotionalen Kompetenz" vor. Die entwickelten Messinstrumente stehen in der Tradition der Intelligenzmessung. Auch hier werden abstrakte Leistungsaufgaben eingesetzt, die sich allesamt mit der kognitiven Verarbeitung emotionsbezogener Inhalte beschäftigen (Neubauer & Freudenthaler, 2002). Im Verhältnis zur sozialen Kompetenz erscheint die emotionale Intelligenz (im Sinne von Salovey & Mayer, 1990) lediglich als eine Teilmenge, die große Überschneidungen mit der sozialen Intelligenz aufweist (vgl. Abbildung 5).

emotionale Intelligenz

1.3.3 Soziale Fertigkeiten

Auch der Begriff der *sozialen Fertigkeiten* lässt sich vollständig in das Konzept der sozialen Kompetenz integrieren. In der Regel versteht man hierunter sehr spezifische, erlernte Kompetenzen, die für das Gelingen sozialer

soziale Fertigkeiten

Interaktionen elementar sind (vgl. Argyle, 1967; Becker & Heimberg, 1988; Spitzberg & Dillard, 2002). Man denke hier z. B. an Höflichkeitsrituale, Verhaltensregeln gegenüber Vorgesetzten oder Tischsitten. Dabei geht es jedoch nicht nur um behaviorale oder kommunikative, sondern auch um kognitive Fertigkeiten (Burleson & Samter, 1994). Andere Autoren fassen hierunter auch sehr abstrakte Eigenschaften, wie etwa Sensitivität oder Selbstkontrolle zusammen (Riggio, 1986). Dies allerdings widerspricht dem Wortsinn des Begriffs „Fertigkeiten" der immer auf eine geringes Abstraktionsniveau hindeutet. Die sozialen Fertigkeiten bilden eine Teilmenge der sozialen Kompetenzen.

1.3.4 Soziale Kompetenz als Oberbegriff

Wir sehen, die Abgrenzung der verwandten Konzepte fällt nicht immer ganz leicht. Verschiedene Autoren verwenden ein und denselben Begriff mit unterschiedlicher Bedeutung. Mitunter wird dabei wenig Rücksicht auf den ursprünglichen Wortsinn von Begriffen wie „Intelligenz" oder „Fertigkeiten" genommen. Dennoch ist eine wechselseitige Abgrenzung nicht nur notwendig, sondern auch möglich. Wir schlagen die in Abbildung 5 dargestellte Ordnung vor. Die soziale Kompetenz erscheint dabei als ein Oberbegriff, dem alle übrigen Konzepte untergeordnet werden können. Die soziale Intelligenz bezieht sich auf perzeptiv-kognitive Kompetenzen, wie etwa das Wissen um soziale Normen, die Fähigkeit zur richtigen Interpretation nonverbaler Hinweisreize (Feldman, Philippot & Custrini, 1991) sowie die Fähigkeit zur Perspektivenübernahme. Sie bietet die Basis für die Verarbeitung sozialer Informationen und die Steuerung des Sozialverhaltens. Dabei stellt sie ihrerseits einen Oberbegriff dar, unter dem mehrere Kompetenzen zusammengefasst sind. Die emotionale Intelligenz bezieht sich auf die kognitive Verarbeitung emotionaler Informationen und die Steuerung emotionaler Prozesse. Sie umfasst perzeptiv-kognitive sowie emotionalmotivationale Kompetenzen. Hierzu zählt z. B. die Fähigkeit zur Reflexion der eigenen Befindlichkeit (Selbstaufmerksamkeit) als auch die Kontrolle heftiger emotionale Reaktionen, wie etwa Aggressivität (emotionale Stabilität). Die Nutzbarmachung eigener Emotionen im sozialen Kontext (z. B. in Tränen ausbrechen, um so von anderen Menschen Hilfe einzufordern) ist hingegen behavioraler Natur und liegt daher außerhalb des Konzeptbereiches der sozialen Intelligenz. Unter sozialen Fertigkeiten verstehen wir sehr konkrete Skills, die insbesondere zur praktischen Umsetzung eines Sozialverhaltens notwendig sind. Sie sind in erster Linie den behavioralen Kompetenzen zuzuordnen. Darüber hinaus beziehen sie sich auf den kognitiven Bereich und weisen daher Überschneidungen mit der sozialen bzw. der emotionalen Intelligenz auf.

Um eine allzu große Sprachverwirrung zu vermeiden, verzichten wird im weiteren Verlauf der Ausführungen auf den Gebrauch der verwandten

Begriffe und fassen Forschungsergebnisse, die ggf. unter dem einen oder anderen Begriff publiziert wurde unter dem Dach der Sozialen Kompetenz zusammen.

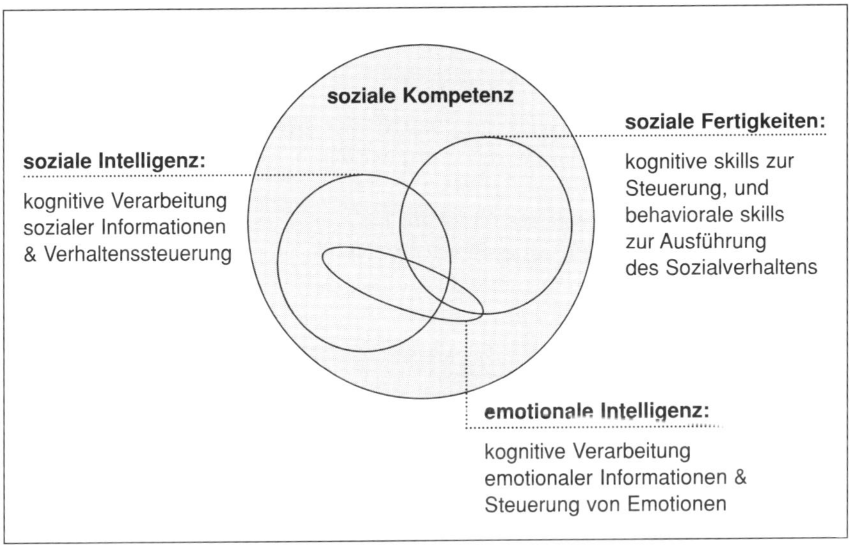

Abbildung 5:
Beziehung zwischen sozialer Kompetenz und verwandten Konzepten

1.4 Bedeutung sozialer Kompetenzen

In der Personalpsychologie wird der sozialen Kompetenz von Führungskräften und Mitarbeitern in den letzten 10 bis 15 Jahren zunehmend Aufmerksamkeit geschenkt. Die jahrzehntelange Forschung auf den Gebieten Führungsverhalten, Konfliktmanagement oder Mitarbeitermotivation fordert eine Auseinandersetzung mit Fragen der sozialen Kompetenz geradezu heraus.

1.4.1 Wandel in Gesellschaft und Arbeitswelt

Dass die sozialen Kompetenzen dennoch erst seit relativ kurzer Zeit im Fokus des Personalmanagements stehen, ist wohl nicht zuletzt auf gesellschaftliche Veränderungen zurückzuführen (Faix & Laier, 1989; von Rosenstiel, 1999; Schuler & Barthelme, 1995). Der rasch voranschreitende wissenschaftliche Erkenntnisgewinn führt immer schneller zu einem Austausch des alten Wissens durch feiner differenziertes und vor allem umfangreicheres neues Wissen. Rosenstiel (1999) spricht in diesem Zusammenhang von

Halbwertzeit des Wissens

der beständig sinkenden „Halbwertzeit des Wissens“ in nahezu allen Lebensbereichen. Das Wissen, das in Ausbildung oder Studium erworben wurde, ist nach wenigen Jahren bereits in weiten Teilen überholt. In sehr vielen Organisationen wird es Vorgesetzten daher nicht mehr möglich sein, alle beruflich relevanten Informationen auf sich zu vereinigen. Stattdessen wird es mehr und mehr die Aufgabe des Vorgesetzten sein, die Beiträge seiner hoch qualifizierten Mitarbeiter zu koordinieren.

soziale Kompetenz und gesellschaftlicher Wandel

Eine zweite wichtige Entwicklung betrifft die zunehmende Emanzipation und Individualisierung der Bevölkerung westlicher Gesellschaften (Faix & Laier, 1989; von Rosenstiel, 1999). Die Mitarbeiter von heute sind weitaus weniger bereit, sich einer Autorität unterzuordnen als ihre Eltern und Großeltern. Dort wo man früher den Anweisungen des Chefs ohne viel Aufhebens gefolgt ist, werden heute Fragen gestellt und eigene Bedürfnisse deutlicher artikuliert. Die Führung von Mitarbeitern wird somit zu einer zunehmend schwierigen Aufgabe, deren erfolgreiche Bewältigung ein gewisses Geschick im Umgang mit anderen Menschen erfordert.

Teamarbeit

Die skizzierten Entwicklungen verändern jedoch nicht nur die Arbeitswelt der Führungskräfte. Der verstärke Einsatz von Teamarbeit führt selbst bei Organisationsmitgliedern ohne Führungsaufgabe zu gesteigerten Anforderungen an das Sozialverhalten. An die Stelle eines isolierten Nebeneinanders tritt immer häufiger ein vernetztes, sich zum Teil selbst organisierendes Miteinander.

Dienstleistungsgedanke

Hinzu kommt eine Stärkung des Dienstleistungsgedankens, der selbst die Arbeit staatlicher Institutionen erfasst. So werden sich z. B. Polizisten, ebenso wie Sachbearbeiter im Finanz- oder Bürgeramt im zunehmendem Maße als Angehörige eines Dienstleistungsunternehmens begreifen, und ihr Verhalten gegenüber dem Bürger entsprechend modifizieren müssen (vgl. Kanning, 2002c). Auch hier werden soziale Fertigkeiten gegenüber den fachlichen Kompetenzen merklich aufgewertet. Auf beiden Ebenen wird die fachliche Kompetenz zwar eine notwendig Bedingung für beruflichen Erfolg darstellen, hinreichen wird sie in sehr vielen Fälle jedoch nicht mehr.

1.4.2 Soziale Kompetenz als Schlüsselqualifikation

In vielen Publikationen wird betont, dass soziale Kompetenzen eine besonders wichtige Voraussetzung für beruflichen Erfolg darstellen. Dabei werden unterschiedlichste Berufe genannt, denen allen eines gemeinsam ist, es handelt sich um Tätigkeiten, bei denen der Einzelne mit anderen Menschen – insbesondere mit Kunden oder unterstellten Mitarbeitern – erfolgreich interagieren muss. Dies gilt beispielsweise für Bankkaufleute (Müller, 1999), Lehrer (Krause, 1999), Trainer (Döring, 1991; Mangels, 1995) oder andere Anbieter von Dienstleistungen (Henning-Thurau & Thurau, 1999). Eder (1996) sowie Graf (2002) verweisen in diesem Zusammenhang auf die Bedeutung sozial angemessenen Verhaltens in interkulturellen Arbeitssituationen, die in Zukunft sicherlich an Zahl und Intensität eher zu- denn abnehmen dürften. Besonders häufig wird betont, dass insbesondere Führungskräfte über soziale Kompetenzen verfügen müssen (Adenauer, 1998; Crisand, 2002). Aber auch der Erfolg von Arbeitsgruppen erscheint ohne eine hinreichende soziale Kompetenz der untereinander gleichgestellten Mitglieder kaum denkbar (Faix & Laier, 1989; Koreimann, 2002). Fasst man all diese Überlegungen zusammen, so überrascht es nicht, wenn soziale Kompetenz häufig als *Schlüsselqualifikation* bezeichnet wird (z. B. Crisand, 2002; Graf, 2002).

1.4.3 Soziale Kompetenz und Berufserfolg

Fragt man jedoch nach konkreten empirischen Belegen, so wird man von den einschlägigen Publikationen meist enttäuscht. In der Regel begnügt man sich mit plausiblen Argumenten. Kann man hieraus nun den Schluss ziehen, dass die Autoren lediglich unbestätigte Vermutungen äußern? Nein, die empirischen Belege für die Relevanz sozialer Kompetenzen im beruflichen Kontext sind vielfältig, sie lassen sich allerdings nur selten unter dem Label „soziale Kompetenz" finden. Als Beispiel mag hier die *Führungsforschung* dienen (Neuberger, 1995). Schon Lewin, Lippitt und White (1939) verweisen auf die Bedeutung eines kooperativen Führungsstils, will man Einfluss auf die Leistung sowie die Einstellungen der Mitarbeiter nehmen (vgl. Rosenstiel, 2001). Kooperativ bedeutet in diesem Fall, dass der Vorgesetzte Entscheidungen nicht einfach anordnet, sondern auch den Meinungen und Interessen der Mitarbeiter Raum lässt. Fast dreißig Jahre später führt die Forschung von Blake und Mouton (1964) zur Unterscheidung zweier grundlegender Führungsstile. Die Aufgabenorientierung drückt aus, inwieweit sich die Führungskraft für die Bewältigung der eigentlichen Arbeitsaufträge einsetzt, während die Mitarbeiterorientierung auf die Berücksichtigung der Mitarbeiterinteressen abhebt. Als besonders effektiv erwies sich eine Mischung beider Führungsstile. Auch wenn sich bislang kein isolierter Führungsstil zur Lösung aller Probleme anbietet, so zeigt die Forschung doch insgesamt, dass eine Berücksichtigung der Mitarbeiterinteressen von Vorteil ist. Ganz in Sinne der Definition sozial kompetenten Verhaltens strebt erfolgreiche Führung somit zumindest partiell einen Kompromiss zwischen den Interessen der Arbeitsgebers und den Interessen der Mitarbeiter an.

soziale Kompetenz und Führung

Zu ganz ähnlichen Ergebnissen kommt die psychologische *Konfliktforschung*, die wir ohne grundsätzliche Einschränkungen auch auf Konflikte am Arbeitsplatz übertragen können (Berkel, 1992; Regnet, 2001). Die wichtigste Ursache für konfliktreiches Verhalten liegt demzufolge in einer mangelnden Interessenverwirklichung der betroffenen Parteien. Oftmals versucht

soziale Kompetenz und Konflikte

die eine Seite ihre Ziele auf Kosten der anderen Seite zu erreichen. Analog zum Konzept des kompetenten Sozialverhaltens liegt der wichtigste Schlüssel zur Lösung der Probleme in einem möglichst weitgehenden Kompromiss der Interessenverwirklichung zwischen den Interaktionspartnern. Die Grundlage hierfür bieten vor allem kommunikative Fertigkeiten. Die Bedeutung eines sozial kompetenten Konfliktverhaltens tritt im personalpsychologischen Kontext vor allem dann in Erscheinung, wenn große Defizite zu verzeichnen sind, die sich beispielsweise in Form von Mobbing gegenüber einzelnen Mitarbeitern und Kollegen äußern (Neuberger, 1999; Zapf, 1999).

soziale Kompetenz und Motivation

Auch die *Motivationsforschung* unterstreicht die Relevanz sozialer Kompetenzen, ohne explizit diesen Begriff zu verwenden (Rheinberg, 2002; Nerdinger, 1995). Die vielleicht erfolgreichste Motivationsmethode ist die Zielvereinbarung. Demzufolge definiert der Vorgesetzte meist zusammen mit seinen Mitarbeitern konkrete Arbeitsziele für einen überschaubaren Zeitrahmen. Die Ziele müssen für die Mitarbeiter eine Herausforderung darstellen, ohne sie zu überfordern. Die Zielerreichung wird in regelmäßigen Abständen überprüft und das Ergebnis den Mitarbeitern zurückgemeldet. Im Falle einer mangelnden Zielerreichung wird dann gemeinsam überlegt, wie die vorhandenen Probleme gelöst werden können. Ein solcher Prozess kann nur dann effektiv sein, wenn die beteiligten Personen ein sozial kompetentes Verhalten an den Tag legen.

soziale Kompetenz und beruflicher Erfolg

Die angeführten Forschungsfelder heben die allgemeine Bedeutung sozial kompetenten Verhaltens im Arbeitsleben hervor. Nur vergleichsweise wenige Studien untersuchen die Relevanz einzelner Kompetenzen. Von einer systematischen Forschung kann nicht die Rede sein, was angesichts des Fehlens einer empirisch abgesicherten Taxonomie sozialer Kompetenzen (s. o.) nicht verwundert. Dennoch wollen wir uns im Folgenden einen kurzen Überblick über die vereinzelten Befunde geben. Im Zentrum steht dabei immer die Frage, inwieweit bestimmte Kompetenzen in einem signifikanten Zusammenhang zu verschiedenen Indikatoren des beruflichen Erfolgs stehen. Hohe statistische Zusammenhänge sind dabei schon aus prinzipiellen Erwägungen nicht zu erwarten (vgl. Abbildung 6).

Der berufliche Erfolg eines Menschen kann sehr unterschiedlich definiert werden. Im produzierenden Bereich könnte man z. B. die Anzahl der produzierten Güter pro Zeiteinheit heranziehen. Andere Indikatoren wären das Gehalt, die Geschwindigkeit, mit der ein Mitarbeiter innerhalb des Unternehmens aufsteigt, die eigene Arbeitszufriedenheit oder die Zufriedenheit von Kunden und nachgeordneten Mitarbeitern. Wie auch immer der Erfolg im konkreten Falle definiert wird, er ist immer das Ergebnis eines komplexen Zusammenspiels vieler Faktoren. Wohl niemand wird ernsthaft behaupten, dass beispielsweise der Erfolg eines Versicherungsvertreters zu 100 % durch seine Fähigkeit zur Perspektivenübernahme oder durch Extraversion determiniert sei. Natürlich spielt es auch eine Rolle, ob er über hinreichend fachliche Kompetenzen verfügt, eine hohe Leistungsmotivation ausweist oder den Argumenten seiner Gesprächspartner intellektuell folgen kann. Hinzu kommt, dass Kompetenzen im Sinne unserer Definition (s. o.) als Potenzial verstanden werden. Selbst dann, wenn ein Mitarbeiter über die notwendigen Kompetenzen zum erfolgreichen Handeln verfügt, bedeutet dies nicht, dass die vorhandenen Potenziale automatisch auch immer in ein adäquates berufliches Handeln umgesetzt werden. Eine große Bedeutung kommt in diesem Zusammenhang der Arbeitsumwelt – also dem Verhalten von Kollegen und Vorgesetzten, den bereitgestellten Werkzeugen, strukturellen Restriktionen u. Ä. – zu. So mag beispielsweise der Versicherungskaufmann A weitaus weniger erfolgreich sein als sein Kollege B, weil in seinem Bezirk besonders viele einkommensschwache Familien leben. Dieses Defizit kann er trotz hervorragender sozialer Kompetenzen nicht kompensieren. Jede einzelne soziale Kompetenz ist somit nur ein kleiner Stein im großen Mosaik des beruflichen Erfolgs. Dies gilt es bei der Beurteilung der Forschungsergebnisse zu berücksichtigen.

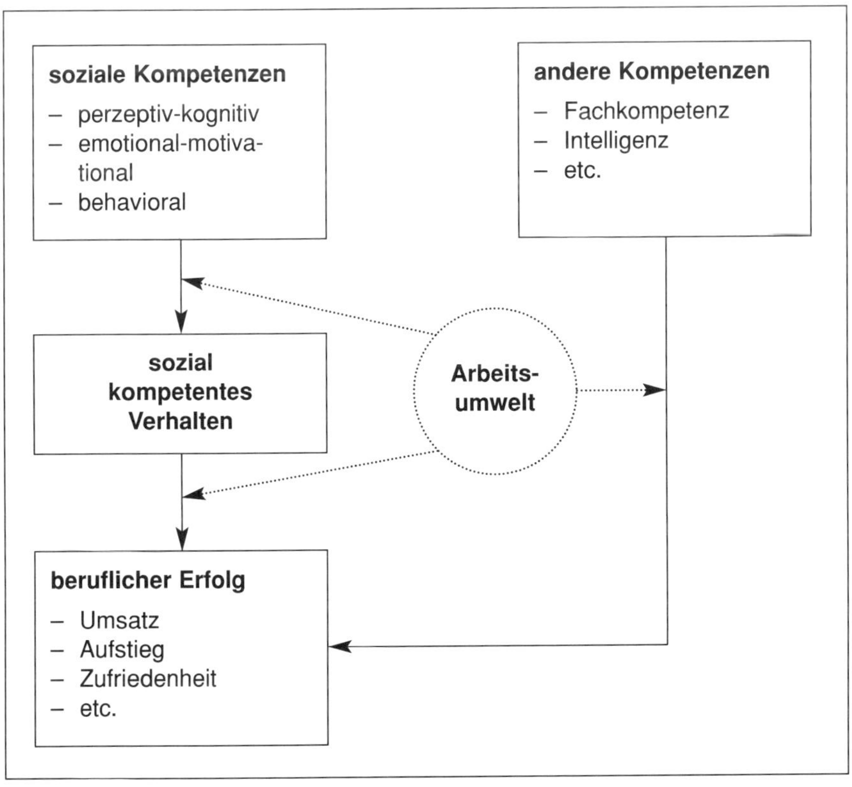

Abbildung 6:
Hypothetische Beziehung zwischen sozialen Kompetenzen und beruflichem Erfolg

1.4.4 Ergebnisse ausgewählter Studien

big five

In einer Metaanalyse zu den sog. „big five" der Persönlichkeitsforschung belegen Tett, Jackson und Rothstein (1991) vor allem die Bedeutung der sozialen Verträglichkeit. Es ergibt sich eine mittlere korrigierte Korrelation zwischen sozialer Verträglichkeit und beruflicher Leistung vom .33. Dies ist der höchste Zusammenhang der gefunden werden konnte. Auf Platz zwei folgt die Offenheit für neue Erfahrungen (.27). Emotionale Labilität erweist sich erwartungsgemäß als hinderlich für den beruflichen Erfolg (–.22), während Gewissenhaftigkeit und Extraversion wenn auch geringe, so doch positive Einflüsse haben (.18 bzw. .16). Einen guten Überblick über vergleichbare Studien liefern Hossiep, Paschen und Mühlhaus (2000). Die Ergebnisse sind sehr heterogen. Dennoch zeigt sich meist die Gewissenhaftigkeit als der beste Prädiktor beruflicher Leistung. Nach der Metaanalyse von Salgado (1997) kann allen fünf Persönlichkeitseigenschaften eine Bedeutung für den Polizeiberuf bescheinigt werden. Dies gilt insbesondere für die emotionale Stabilität (.43; Extraversion: .20; Offenheit: .18; Verträglichkeit: .14 und Gewissenhaftigkeit: .39). Barrick, Mount und Judge (2001) fassen wiederum mehrere Metaanalysen zusammen und unterscheiden dabei zwischen verschiedenen Erfolgsmaßen. In Tabelle 2 werden die korrigierten Korrelationskoeffizienten wiedergegeben. Erneut erweist sich die Gewissenhaftigkeit als eine Eigenschaft, die mit vielen Leistungskriterien in Verbindung steht. Betrachten wir ein Kriterium, das ganz unmittelbar die erfolgreiche Interaktion mit anderen Menschen voraussetzt – die Leistung im Rahmen von Arbeitsgruppen – so gewinnt die Verträglichkeit der Mitarbeiter stark an Bedeutung. Neben der Gewissenhaftigkeit spielt vor allem auch die emotionale Stabilität der Mitarbeiter eine wichtige Rolle für das Gelingen der gemeinsamen Aufgabe.

Jenseits der beruflichen Leistung wurde gelegentlich auch die Zufriedenheit der Mitarbeiter mit ihrem Beruf als Kriterium herangezogen. Neurotizismus und Extraversion sind einer Metaanalyse von Judge, Heller und Mount (2002) zufolge Prädiktoren der Arbeitszufriedenheit (–.29 bzw. .25). Legt man nicht alle Studien zu Grunde, so gilt dies auch für die Verträglichkeit (.17) und Gewissenhaftigkeit (.26). Die Ergebnisse deuten darauf hin, dass die genannten Eigenschaften in irgendeiner Weise für die berufliche Tätigkeit der Probanden bedeutsam sind. Dies kann sowohl im engeren Sinne für leistungsbezogenes Verhalten als auch für das zwischenmenschliche Miteinander z. B. innerhalb des Kollegenkreises gelten.

Neben metaanalytischen Befunden zu den „big five" liegen einige Untersuchungen vor, die sich mit spezifischeren Fragen beschäftigen. So berichtet Koreimann (2002) von Ergebnissen, denen zufolge die soziale Kompetenz von Teammitgliedern als der wichtigste Prädiktor der Teamleistung angesehen wird. Er ist beispielsweise relevanter als die methodische Kompetenz der Teammitglieder.

Tabelle 2:
Ergebnisse von Barrick, Mount und Judge (2001) zur Validität der „big five“ im Hinblick auf unterschiedliche Maße beruflichen Erfolgs

Erfolgsmaß	Emotionale Stabilität	Extraversion	Offenheit	Verträglichkeit	Gewissenhaftigkeit
nicht-unabhängige Arbeitsleistung	.15	.15	.07	.11	.24
unabhängige Arbeitsleistung	.13	.15	.07	.13	.27
Vorgesetztenbeurteilung	.13	.13	.07	.13	.31
objektive Leistung	.10	.13	.03	.17	.23
Trainingsleistung	.09	.28	.33	.14	.27
Leistung bei Gruppenarbeit	.22	.16	.16	.34	.27
Verkaufsleistung	.05	.11	–.03	.01	.25
Managementleistung	.09	.21	.10	.10	.25
Leistung von Experten	.06	–.11	–.11	.06	.24
Leistung von Polizisten	.12	.12	.03	.13	.26
Leistung von Arbeitern	–	.06	.05	.10	.23

Scholz und Schuler (1993) belegen in einer Metaanalyse, dass sozialen Kompetenzen eine wichtige Rolle bei der Bewältigung von Assessment Center zukommt. Die Höhe der Zusammenhänge ist durchaus mit der von Intelligenzmaßen vergleichbar, die sich allgemein als ein besonders guter Prädiktor beruflicher Leistung erweisen (Schmidt & Hunter, 1998). In eine ähnliche Richtung gehen die Ergebnisse von Witt und Ferris (2003), die in mehreren Studien signifikante Zusammenhänge zwischen verschiedenen Maßen sozialer Kompetenz und der beruflichen Leistung finden konnten (siehe auch Ferris, Witt & Hochwarter, 2001).

soziale Kompetenz im Assessment Center

soziale Kompetenz und Arbeitszufriedenheit

Walter und Kanning (2003) finden Belege dafür, dass die sozialen Kompetenzen der Vorgesetzten einen Einfluss auf die Zufriedenheit ihrer Mitarbeiter nehmen. Die allgemeine Arbeitszufriedenheit ließ sich über drei bereichsspezifische soziale Kompetenzen gut vorhersagen: Bemühen der Vorgesetzen um gerechte Behandlung aller Mitarbeiter, Motivierung der Mitarbeiter und Übertragung von individuellen Arbeitsaufträgen, die eigenverantwortlich bearbeitet werden können (R = 55). Noch besser als die allgemeine Arbeitszufriedenheit ließ sich die Zufriedenheit der Mitarbeiter mit ihrem Vorgesetzten prognostizieren (R = .81). Zusätzlich zu den drei bereits genannten Variablen nehmen die Teamorientierung sowie die Durchsetzungsfähigkeit des Vorgesetzten einen signifikanten Einfluss.

soziale Kompetenz und Kundenzufriedenheit

Kanning und Bergmann (in Druck) konnten zeigen, dass den sozialen Kompetenzen von Bankangestellten eine überragende Bedeutung für die Kundenzufriedenheit zukommt (vgl. Abbildung 7). Die sozialen Kompetenzen klären fast 50 % der Kundenzufriedenheit auf. Im Vergleich dazu ist die Qualität der Produkte fast unbedeutend (3 %). An diesem Beispiel offenbar sich auch die wirtschaftliche Bedeutung sozialer Kompetenzen, schließlich ist die Kundenzufriedenheit eine bedeutsame Determinante der Kundenbindung.

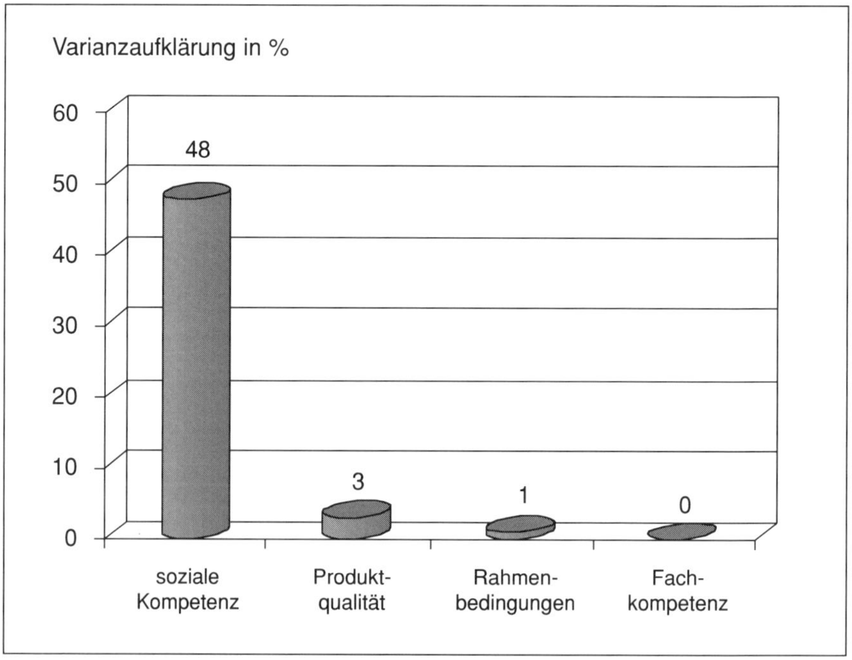

Abbildung 7:
Vorhersage der Zufriedenheit von Bankkunden über Merkmale der Dienstleistung (Kanning & Bergmann, in Druck)

Im Rahmen der Validierung des BIP (Bochumer Inventar zur berufsbezogenen Personenbeschreibung, Hossiep & Paschen, 2003) wurden mehrere Persönlichkeitsdimensionen untersucht, die wir zu den sozialen Kompetenzen zählen können. Auch hier zeigen sich überwiegend sehr geringe Korrelationen zwischen einzelnen Kompetenzen und verschiedenen Leistungsmaßen (vgl. Tabelle 3). Interessant ist in diesem Zusammenhang, dass vor allem die Durchsetzungsstärke sowie die emotionale Stabilität besonders wichtig sind, während sich die Soziabilität[2] – also eine ausgesprochen rücksichtsvolle, auf Harmonie bedachte Verhaltensorientierung – als völlig bedeutungslos erweist. Die Kontaktfähigkeit liegt im mittleren bis oberen Bereich der gefundenen Korrelationen.

Tabelle 3:
Ergebnisse von Hossiep und Paschen (2003) zur Validierung des BIP

Kriterium	Sensitivität	Kontaktfähigkeit	Soziabilität	Teamorientierung	Durchsetzung	Emotion. Stabilität
berufliches Entgelt	.05	.07	–.10	.13	.27	.20
beruflicher Erfolg	.22	.19	–.02	.11	.32	.27
Arbeitszufriedenheit	.18	.17	.04	.13	.25	.32
Gesamtdauer von Studiumspraktika	.06	.30	.05	.19	.17	.29
gesellschaftliches Engagement	.03	.33	–.06	–.35	.32	.32

1.5 Fazit

Soziale Kompetenzen bilden die Basis für kompetentes Verhalten. Bislang ist empirisch noch nicht geklärt, welche Kompetenzen es im Einzelnen sind, die zu einen Sozialverhalten beitragen, das einerseits den Interessen des Handelnden dient und dabei andererseits auch den Ansprüchen der sozialen Umwelt genüge leistet. Sicher ist bislang nur eines, *die* soziale Kompetenz, die allein unser Verhalten in sozialen Situationen steuert, gibt es nicht. Wir haben es vielmehr mit einem ganzen Bündel relevanter Wissensbestandteile, Fähigkeiten und Fertigkeiten zu tun. Sozial kompetentes Verhalten bedeutet keineswegs automatisch „softes" Verhalten. Je nach Kon-

2 Entspricht in etwa der Merkmalsdimension „Verträglichkeit" im Konzept der „big five".

text kann ein uns dasselbe Verhalten als kompetent oder auch als nicht kompetent gelten. Insofern ist sozial kompetentes Verhalten – im Gegensatz zu den zu Grunde liegenden Kompetenzen – situationsspezifisch. Seine Bestimmung setzt zumindest implizit einen sozialen, einen evaluativen und einen temporalen Bezugspunkt voraus.

Auch wenn die bisherige Forschung noch weit davon entfernt ist, ein in sich geschlossenes Erklärungsmuster erfolgreichen Sozialverhaltens vorzulegen, so unterstreichen doch die bereits vorliegenden Befunde die Bedeutung des Themas für das Personalmanagement. Soziale Kompetenz bzw. sozial kompetentes Verhalten ist wichtig für den Erfolg in vielen Berufen. Dies gilt für Führungskräfte ebenso wie für Mitarbeiter im Kundenkontakt oder Kollegen, die miteinander und nicht aneinander vorbei arbeiten. Dabei geht es nicht nur um materielle Erfolge, sondern auch um das Wohlbefinden der betroffenen Menschen.

Für Unternehmen ist es mithin sinnvoll, sich im Rahmen der Personaldiagnostik und -entwicklung mit sozialen Kompetenzen bzw. sozial kompetentem Verhalten zu beschäftigen. In den folgenden Kapiteln gehen wir zunächst der Frage nach, wie sozial kompetentes Verhalten zu Stande kommt, ehe diagnostische Möglichkeiten und verschiedene Wege der Entwicklung sozialer Kompetenzen der Mitarbeiter aufgezeigt werden.

Geschlechterunterschiede?

Doch zuvor muss noch eine Frage beantwortet werden, die wir zu Beginn des Kapitels aufgeworfen haben. Verfügen Frauen über mehr soziale Kompetenz als Männer und sind sie daher von vornherein für bestimmte Tätigkeiten, in denen soziale Kompetenzen eine gewichtige Rolle spielen, geradezu prädestiniert? Bislang liegen keine überzeugenden empirischen Belege für deutliche Unterschiede in den sozialen Kompetenzen beider Geschlechter vor. Nach wie vor gilt, was bereits Merz (1979) in einer Analyse zu Geschlechterunterschieden festgestellt hat. Die Unterschiede zwischen den einzelnen Individuen sind sehr viel größer als die Unterschiede zwischen den Geschlechtergruppen. Wer auf Grund des Geschlechts die eine oder andere Gruppe bevorzugt, handelt nicht auf dem Hintergrund rationaler Überlegungen, sondern bedient sich mehr oder minder weit verbreiteter Stereotype. Letztlich kommt es in jedem Unternehmen darauf an, das richtige Individuum für eine bestimmte Aufgabe zu finden. Untersuchungen zum „weiblichen" Führungsverhalten zeigen denn auch, dass es sich nicht vom vermeintlich „männlichen" unterscheidet (Ardelt & Berger, 1995; Friedel-Howe, 1990; Schraps, 2002, Sczesny & Stahlberg, 2002). Der Hinweis, dass es sich hierbei um eine stark selektierte Stichprobe handelt, ist zwar richtig aber keineswegs stichhaltig. Schließlich wird wohl niemand ernsthaft fordern, dass man Führungskräfte nach dem Prinzip einer repräsentativen Zufallstichprobe aus der Gesamtbevölkerung zieht. Letztlich wird man die Emanzipation von Frauen und Männern wohl am besten fördern, wenn man jeden Menschen als Individuum mit bestimmten Eigenschaften und nicht primär als Vertreter einer sozialen Gruppe betrachtet.

2 Entstehung und Förderung sozial kompetenten Verhaltens

soziale Kompetenz als Potenzial

Die sozialen Kompetenzen bilden im Sinne eines *Potenzials* (Kanning & Holling, 2003) die Grundlage sozial kompetenten Verhaltens. Wer über hinreichend Kompetenzen verfügt, wird bestimmte soziale Situationen mit einer größeren Wahrscheinlichkeit erfolgreich meistern als jemand, dessen Kompetenzen defizitär ausgeprägt sind. Eine Garantie für exzellentes Sozialverhalten in jedweder Situation bieten soziale Kompetenzen jedoch nicht. Fast jeder Personaltrainer hat es schon einmal erlebt, dass ein bislang reibungslos ablaufendes Verhaltenstraining wie aus heiterem Himmel plötzlich nicht funktionieren will. Obwohl der Trainer im Allgemeinen gut mit Menschen umgehen kann und glaubt, nach dem 20. Trainingsdurchlauf auf alle Reaktionen seiner Zuhörer richtig reagieren zu können, tritt eine Situation auf, die er nicht sogleich in den Griff bekommt. Der Abwehr einzelner Teilnehmer kann er nicht adäquat begegnen und die ganze Veranstaltung droht aus dem Ruder zu laufen. Gewiss verfügt der Trainer über hinreichende Kompetenzen, die er bereits in vielen ähnlich gelagerten Situationen unter Beweis stellen konnte. Möglicherweise hat er die Situation diesmal nicht gleich zu Beginn richtig eingeschätzt und daher auf falsche Verhaltensstrategien zurückgegriffen. Vielleicht war er mit seinen Gedanken ganz woanders und hat sich nicht sorgfältig genug mit seinen Gesprächspartnern auseinander gesetzt. Die Ursachen sind nicht offensichtlich. Wir sehen jedoch an diesem Beispiel und an vielen weiteren, die jeder Leser sicherlich aus seinem eigenen Leben kennt, dass die vorhandenen Kompetenzen nicht automatisch auch in jeder Situation zu kompetentem Verhalten führen. Will man die Ursachen ergründen, so muss man zunächst der Frage nachgehen, auf welchen Wegen vorhandene Potenziale in situatives Verhalten umgesetzt werden. Genau dies ist die Aufgabe des vorliegenden Kapitels.

2.1 Elaborierte Steuerung des Sozialverhaltens

Bislang existiert keine etablierte Theorie sozial kompetenten Verhaltens, die – wie man es sich wünschen würde – über viele Jahre hinweg einer intensiven empirischen Überprüfung zugeführt worden wäre. Stattdessen stoßen wir auf eine bunte Vielfalt oft nur wenig beachteter Modelle. Die Zielrichtungen und auch der Nutzen der verschiedenen Theorien für das Personalmanagement sind sehr unterschiedlich. Der Ansatz von DuBois und Felner (1996) hebt z. B. die Bedeutung der Interaktion zwischen den Eigenschaften des Menschen und seiner Umwelt für die Ausbildung kompetenten Verhaltens hervor. Auf der Ebene der Eigenschaften werden kognitive, behaviorale, emotionale und motivationale Kompetenzen unterschieden. Konkrete Aussagen für die Entstehung oder Verhinderung sozial kompetenten Verhaltens am Arbeitsplatz sind allein schon auf Grund des sehr abstrakten Analyseniveaus kaum vorzunehmen. Betrachten wir die Modelle im Überblick, so lassen sich grob drei Traditionen unterscheiden.

Kommunikationsmodelle

Modelle der ersten Gruppe stehen in der Tradition der *Kommunikationsforschung*. So beschreibt z. B. Riggio (1996) sozial kompetentes Verhalten als Kommunikationsprozess, bei dem eine Botschaft gesendet, die Botschaften anderer Menschen empfangen und das eigene Verhalten kontrolliert werden muss. Dies gilt sowohl für sozial-verbale als auch für emotional-nonverbale Botschaften. Ähnliche Überlegungen stellen Halberstadt, Denham und Dunsmore (2001) an.

Kognitionsmodelle

Modelle der zweiten Art stehen in der Tradition der *Kognitionsforschung*. Sie beschäftigen sich mit Enkodierung und Speicherung von Informationen sowie den Entscheidungsprozessen, die letztlich zur Auswahl eines bestimmten Sozialverhaltens führen. Hierzu zählen u. a. die Modelle von McFall (1982) sowie Crick und Dodge (1994).

Handlungsmodelle

Die dritte recht umfangreiche Modellgruppe steht in der Tradition der *Handlungstheorie* (z. B. Argyle, 1967; Greif, 1987, Hinsch & Pfingsten, 2002; Runde, 2001). Sie gehen davon aus, dass sozial kompetentes Verhalten das Ergebnis der zielgerichteten Analyse einer aktuellen Situation darstellt. Mit dieser Modellgruppe wollen wir uns intensiver auseinander setzen, da die Handlungstheorie eine sehr lebensnahe und damit auch praxisrelevante Analysemöglichkeit darstellt. Überdies lassen sich die beiden übrigen Ansätze ohne größere Schwierigkeiten in ein handlungstheoretisches Modell einfügen.

Die Bezeichnung „Handlungstheorie" ist leicht irreführend, da sie die Assoziation nahe legt, es handele sich um eine einzelne Theorie. De facto existieren viele unterschiedliche Handlungstheorien, die jedoch alle den gleichen Prinzipien verpflichtet sind (siehe Kanning, 2001). Der Ansatz findet in den 60er Jahren des 20. Jahrhundert als Reaktion auf die Dominanz des Behaviorismus Verbreitung (Miller, Galater & Pribram, 1960). Im Gegensatz zum Behaviorismus betrachtet man den Menschen nicht primär als ein durch seine Umwelt gesteuertes Wesen, sondern hebt die Fähigkeit zur Selbststeuerung hervor (Fuchs, 1995). In der Folge beschäftigen sich Handlungstheorien nur mit einem bestimmten Ausschnitt menschlichen Verhaltens, eben gerade dem zielgerichteten Verhalten. Die Steuerung des zielgerichteten Verhaltens folgt einem fünfstufigen Regelkreismodell, das in Abbildung 8 dargestellt ist.

Am Anfang steht die Situationsanalyse. Der Handelnde orientiert sich im Hinblick auf Zeit und Raum, etwaige Interaktionspartner, gesellschaftliche Konventionen und ähnliche Informationen, die für ihn und sein Verhalten wichtig sind. In einem zweiten Schritt definiert er ein Ziel seiner Handlung. Während die Situationsanalyse einen Ist-Zustand beschreibt, formuliert der Handelnde nun einen Soll-Zustand. Dabei setzt er die Realität in eine Beziehung zu seinen eigenen Bedürfnissen. In Phase 3 generiert er ein Verhalten, das seiner Meinung nach in der Lage ist, den Ist-Zustand in den anvisierten Soll-Zustand zu überführen. Anschließend erfolgt in Phase 4 die eigentliche Handlung, die der Zielerreichung dienen soll. Während alle bisherigen Phasen allein im Kopf des Handelnden abgelaufen sind, haben wir es nun zum ersten Mal mit einem sichtbaren Verhalten zu tun. Den Abschluss des Handlungszyklusses bildet in Phase 5 die Evaluation. Der Handelnde vergleicht nun Ist- und Soll-Zustand dahingehend, ob der Ist-Zustand erfolgreich in den Soll-Zustand überführt werden konnte. Ist dies der Fall, so ist der Prozess der Handlungssteuerung an dieser Stelle beendet. Weichen Ist- und Sollzustand hingegen in bedeutsamer Weise voneinander ab, so setzt sich der Prozess kreislaufförmig fort. Erneut werden die Spezifika der nunmehr veränderten Situation analysiert, ein Ziel definiert usf. bis hin zur nächsten Evaluation.

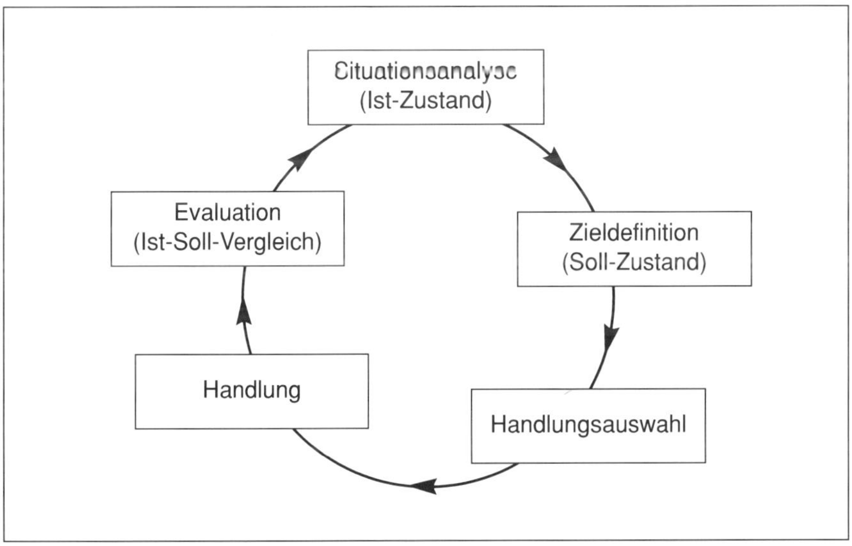

Abbildung 8:
Der Regelkreis der Handlungstheorie

Der handlungstheoretische Ansatz ist so abstrakt gehalten, dass man mit seiner Hilfe jedwedes zielgerichtete Verhalten beschreiben und in groben Zügen auch erklären kann. Die ursprünglichen Modelle beziehen sich denn auch gar nicht auf das Sozialverhalten des Menschen. Handlungstheoretische Modelle sozial kompetenten Verhaltens (z. B. Argyle, 1967; Borgarth, 1985; Greif, 1987; Hinsch & Pfingsten, 2002) übertragen die allgemeinen Prinzipien des Regelkreises auf das Verhalten in sozialen Situationen. Auch

Sie bleiben jedoch sehr allgemein. Zwar beschreiben sie die Entstehung des Sozialverhaltens, vernachlässigen dabei aber die Unterscheidung zwischen kompetentem und inkompetentem Verhalten. Sie beschreiben lediglich, wie die Verhaltenssteuerung ablaufen kann. Diesem Defizit wollen wir im Folgenden begegnen, wenn wir ein handlungstheoretisches Modell vorstellen, das sich explizit auf die Genese sozial kompetenten Verhaltens bezieht (Kanning, 2002b). Da die Handlungstheorie immer von einem rational denkenden Menschen ausgeht, der seine Umwelt und das eigene Handeln sorgfältig analysiert, nennen wir es ein *Modell der elaborierten Steuerung des Sozialverhaltens*. Wie später noch zu sehen sein wird, ist das sorgfältig analysierende Vorgehen jedoch nicht die einzige Möglichkeit, um zu einem sozial kompetenten Verhalten gelangen zu können. Abbildung 9 gibt einen Überblick über das Modell.

Situationsanalyse

Am Anfang steht erneut die *Situationsanalyse*. Im Sinne unserer Definition sozial kompetenten Verhaltens (Kapitel 1) muss sich der Handelnde über zwei Dinge im Klaren werden. Zum einen muss er eigene Ziele definieren, die er in der aktuell vorliegenden Situation verwirklichen möchte, zum anderen muss er erkennen, welche Ansprüche die soziale Umwelt an sein Verhalten stellt. Auf den ersten Blick erscheint diese Aufgabe sehr leicht, bei genauerer Betrachtung offenbart sich uns jedoch die Vielschichtigkeit der Situationsanalyse. Verdeutlichen wir uns dies an einem einfachen Beispiel: Der Mitarbeiter einer Unternehmensberatung sitzt der Personalchefin eines mittelständischen Unternehmens gegenüber. In dem Gespräch geht es um die Entwicklung eines neuen Personalauswahlverfahrens, das die Personalchefin bei einer externen Firma in Auftrag geben möchte. Unser Berater muss zunächst einmal ein eigenes Handlungsziel oder auch mehrere Ziele definieren. Hierbei stellt sich das Problem, dass manche Ziele im Widerspruch zueinander stehen können. Einige dieser Ziele können kurzfristig verwirklicht werden, während andere sich nur langfristig realisieren lassen. Darüber hinaus wird sich der Berater nicht allen Zielen in gleicher Weise verbunden fühlen. Gerade im Berufsleben werden Handlungsziele oft durch den Arbeitsauftrag bestimmt. In unserem Beispielfall konkurrieren zwei Ziele miteinander. Der offizielle Auftrag besteht darin, der Personalchefin in jedem Falle ein Produkt zu verkaufen, das darüber hinaus möglichst kostspielig sein sollte. Dieses Ziel kann kurzfristig verwirklicht werden. Der Berater hat aber auch Gefallen an seiner Gesprächspartnerin gefunden und möchte den Kontakt langfristig zu einer intensiveren zwischenmenschlichen Beziehung ausbauen. Das zweite Ziel ist langfristig angelegt und lässt sich sicherlich nur schwer realisieren, wenn der Berater seiner Gesprächspartnerin geschäftlichen Schaden zufügt, indem er ihr ein schlechtes Produkt verkauft. Entweder entscheidet sich der Berater eines der beiden Ziele komplett aufzugeben oder aber er strebt einen Kompromiss an. Ähnlich anspruchsvoll ist die Definition der Ansprüche der sozialen Umwelt. Je nachdem, welchen Ausschnitt der sozialen Umwelt er heranzieht, ergeben sich unterschiedliche Anspruchsdefinitionen, die ebenfalls im Widerspruch zueinander stehen können. Die Personalchefin möchte sicherlich ehrlich und zuvorkommend beraten werden. Für die Kollegen des Beraters zählt allein, wie viele Geschäfte er in der zurückliegenden Woche erfolgreich abwickeln konnte. In der Situationsanalyse kommen vor allem perzeptiv-kognitive Kompetenzen (vgl. Abbildung 3) zum Einsatz. Der Berater benötigt Wissen über soziale Sachverhalte, Rollen, Normen und Werte (Kosmitzki & John, 1993). Er muss seine eigenen Bedürfnisse reflektieren und sich in andere Menschen hineinversetzen können. Hierzu müssen u. a. sozial relevante Informationen aus dem Gedächtnis abgerufen bzw. aus dem Verhalten anderer Menschen erschlossen werden (Crick und Dodge 1994; Halberstadt, Denham und Dunsmore 2001).

Analyse der Verhaltensoptionen

Nachdem die Situation hinreichend analysiert wurde, geht es in der zweiten Phase um die *Analyse der Verhaltensoptionen*. Es stellt sich dem Berater nun die Frage, welche Verhaltensweisen in der aktuellen Situation dazu geeignet sind, die zuvor definierten Ziele möglichst weitgehend zu verwirklichen und dabei gleichzeitig den Ansprüchen der sozialen Umwelt Genüge zu leisten. Das Ergebnis der Analyse hängt davon ab, welche Verhaltensoptionen der Berater generieren kann und wie er die Konsequenzen der unterschiedlichen Verhaltensoptionen einschätzt. Geht es ihm darum, seiner Gesprächspartnerin zu gefallen, so bieten sich hierzu sicherlich sehr viele Verhaltensstrategien an. Er könnte ihr Komplimente machen, Fachkompetenz demonstrieren, witzig sein, betont seriös wirken, Vertrauen erwecken, durch aufmerksames Zuhören und Nachfragen Interesse an ihrer Person bekunden, durch eine kritische Haltung zu seinem eigenen Arbeitgeber die eigene Souveränität unterstreichen und vieles mehr (vgl. Mummendey, 1995). Steht für ihn der Abschluss eines lukrativen Geschäftes im Vordergrund, so könnte er auf seine langjährige Berufserfahrung verweisen, das Renommee der Beratungsfirma akzentuieren, Erfolgszahlen vorlegen, individuelle Kundenwünsche erfragen und deren Umsetzung zusichern, Sonderkonditionen anbieten und das Produkt in den schillerndsten Farben anpreisen.

Wir sehen, einige der Verhaltensoptionen sind durchaus geeignet, mehrere unterschiedliche Ziele gleichzeitig zu verwirklichen. Beispielsweise dürfte eine intensive Auseinandersetzung mit den individuellen Kundenwünschen nicht nur verkaufsfördernd wirken, sondern auch die Sympathie der Personalchefin für den Berater erhöhen. Jede Handlung, die der Berater später zeigt, kann sich immer nur aus dem Repertoire der generierten Optionen ergeben. Rücken bestimmte, vielleicht sogar besonders zielführende Optionen nicht in seinen Blick, so können sie auch nicht in die Tat umgesetzt werden. Dabei müssen nicht zwangsläufig alle Optionen von dem Berater selbst generiert werden. Einige Verhaltensstrategien hat er vielleicht in seiner Ausbildung gelernt oder sich im Gespräch mit erfahreneren Kollegen erschlossen. Ehe nun aber ein bestimmtes Verhalten tatsächlich gezeigt wird, müssen die Optionen erst einmal auf ihren Nutzen hin überprüft werden. Der Berater antizipiert für jede einzelne Option, inwieweit sie einerseits der Verwirklichung eigener Ziele zuträglich ist und andererseits mit den Ansprüchen der sozialen Umwelt im Einklang steht. Hierbei kann der Berater auf eigene Erfahrungen, Plausibilitätsbetrachtungen oder die Erfahrungen anderer Menschen (Ausbilder, Kollegen etc.) zurückgreifen. Über die Qualität der zweiten Phase im Prozess der Handlungssteuerung entscheiden somit erneut perzeptiv-kognitive Kompetenzen der Handelnden. Er muss über sozial relevantes Handlungswissen verfügen und neben den Konsequenzen der Handlung für die eigene Person auch etwaige Reaktionen des sozialen Umfeldes prognostizieren. Dabei spielt die Überzeugung, ein bestimmtes Verhalten auch tatsächlich erfolgreich umsetzen zu können, eine wichtige Rolle. Nur dann, wenn der Berater sich die erfolgreiche Umsetzung eines an sich sinnvollen Verhaltens zutraut, kann er mit positiven Konsequenzen rechnen. Darüber hinaus spielen emotional motivationale Kompetenzen eine wichtige Rolle (vgl. Abbildung 3). In der Regel wird es kaum eine Strategie geben, die die Interessen beider Parteien – also sowohl die des Beraters als auch die der sozialen Umwelt – optimal verwirklicht. Hier gilt es also, Wertentscheidungen zu Gunsten der einen oder anderen Seite bzw. zu Gunsten des einen oder anderen Zieles zu treffen. Derartige Entscheidungen werden z. B. durch die Prosozialität (Bierhoff & Klein, 1990) sowie den Wertepluralismus (Anton und Weiland, 1993) des Beraters beeinflusst. Ist die Entscheidung überdies sehr schwierig, führt sie den Berater vielleicht sogar in einen Gewissenskonflikt, so hilft ihm ein gewisses Maß an emotionaler Stabilität bei der rationalen Bewältigung der Aufgabe (Anton & Weiland, 1993; Argyle, 1967).

Umsetzung des Verhaltens

Nachdem in Phase 2 ein potenziell geeignetes Verhalten identifiziert wurde, kommt es in der dritten Phase zur *Umsetzung des Verhaltens*. Während sich der Berater zuvor nur ausgemalt hat, wie es sein würde, wenn er Option A vs. Option B einsetzt, wird die Sache nun gewissermaßen ernst. Der Interaktionspartner – in unserem Beispiel also die Personalchefin – wird mit dem Ergebnis der bislang im Verborgenen liegenden Analysen konfrontiert. Selbst dann, wenn die bisherige Analyse hervorragend war und der Berater ein optimal geeignetes Verhalten identifiziert hat, bedeutet dies nicht, dass zwangsläufig nun auch ein kompetentes Sozialverhalten resultiert. Die Umsetzung des geplanten Verhaltens setzt voraus, dass der Handelnde prinzipiell über die nötigen Skills verfügt und diese vorhandenen Fertigkeiten in der aktuellen Situation auch wirklich einsetzen kann. Möchte unser Berater der Personalchefin gegenüber besonders charmant und witzreich auftreten, so muss er nicht nur entsprechende Verhaltensfertigkeiten besitzen (lächeln können, Blickkontakt halten, Zuhören können etc.) er muss sie auch in der konkreten Situation zum Einsatz bringen können. Letzteres ist keineswegs selbstverständlich. Ist er am fraglichen Tag z. B. eher übel gestimmt, weil ihn sein Chef ungerechtfertigterweise einer

Fehlleistung beschuldigt hat oder begegnet ihm die Personalchefin eher abweisend, so wird die Umsetzung der Fertigkeiten erschwert. In Phase 3 des Handlungsprozesses sind mithin neben behavioralen Kompetenzen emotional-motivationale Kompetenzen gefragt (vgl. Abbildung 3). Man denke hier z. B. an kommunikative Fertigkeiten und emotionale Stabilität.

Evaluation

An die eigentliche Handlung schließt sich nun eine Phase der *Evaluation* an. Der Berater muss analysieren, inwieweit die Handlung die erwünschten Konsequenzen nach sich gezogen hat und dies sowohl im Hinblick auf die Verwirklichung eigener Ziele als auch bezüglich der Ansprüche der sozialen Umwelt. Hierbei hilft vor allem die Wahrnehmung und Interpretation der Reaktionen des Interaktionspartners, weshalb in dieser Phase des Handlungsprozesses den perzeptiv-kognitiven Kompetenzen eine besondere Bedeutung zukommt. Ist der Berater z. B. nicht in der Lage, die nonverbalen Reaktionen der Personalchefin richtig zu deuten, so entgeht ihm vielleicht, dass sein Verhalten von ihr als aufdringlich, der geschäftlichen Situation nicht angemessen erlebt wird. An diesem Beispiel tritt die Bedeutung der Evaluation besonders klar hervor. Erkennt der Berater nicht schon zu Beginn des vielleicht einstündigen Gespräches mit der Personalchefin, dass sein Verhalten ihr unangenehm ist, so wird er sein Verhalten auch nicht rechtzeitig korrigieren können und letztlich ein dauerhaft inkompetentes Verhalten an den Tag legen. Die Evaluation bildet eine zentrale Grundlage für ein situationsangemessenes Sozialverhalten. Im Laufe einer längeren Interaktion kann der Handelnde gewissermaßen „online" sein Verhalten reflektieren und korrigieren, so dass insgesamt betrachtet ein sozial kompetentes Sozialverhalten resultiert. Ergibt die Evaluation ein suboptimales Ergebnis, so schließt sich der Regelkreis, indem der Handelnde bei der Situationsanalyse in den nächsten Handlungszyklus einsteigt. Zur Verbesserung des eigenen Verhaltens muss dann allerdings nicht zwangsläufig jede Phase eine Veränderung erleben. Letztlich muss nur dort interveniert werden, wo der Handelnde ein Defizit ausmacht. Kommt der Berater in unserem Beispiel zu dem Schluss, dass er die Ansprüche der sozialen Umwelt falsch eingeschätzt hat, so nimmt er bereits bei der Situationsanalyse eine Korrektur vor. Sieht er die Defizite eher in der Auswahl oder der Umsetzung eines bestimmten Verhaltens, so beschränkt sich die Korrektur auf Phase 2 oder 3 des Handlungsprozesses.

In unserer Analyse haben wir einen einzelnen Handlungsstrang isoliert betrachtet. Natürliche Interaktionen setzen sich aus mehreren Handlungssträngen zusammen, die aufeinander aufbauen. In unserem Beispielsfall ist das Gespräch nicht nur durch das Verhalten des Beraters, sondern auch durch das Verhalten der Personalchefin geprägt, die sich in ihrem Handeln jeweils wechselseitig aufeinander beziehen. Hinzu kommt, dass langfristige und kurzfristige Ziele unterschieden werden können. Will der Berater eine dauerhafte geschäftliche Beziehung zu dem fraglichen Unternehmen aufbauen, so muss er nicht nur in dem ersten Sondierungsgespräch die Personal-

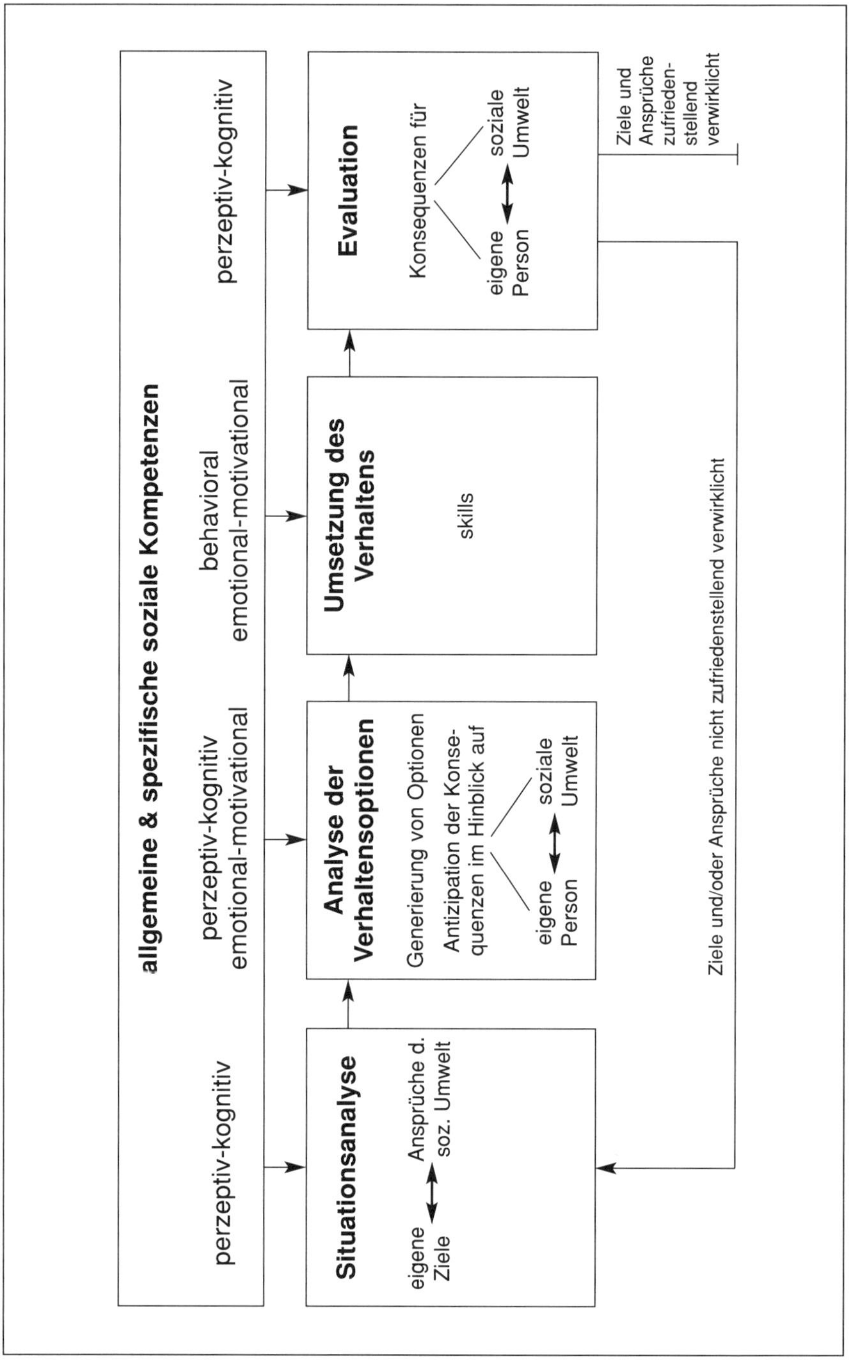

Abbildung 9:
Modell der elaborierten Steuerung des Sozialverhaltens

chefin von der Qualität seiner Arbeit überzeugen. Er muss auch in Zukunft gute Arbeit bei der Anforderungsanalyse, Konstruktion, Implementierung und Evaluation des neuen Personalauswahlverfahrens leisten. Auf diesem Wege entstehen *Zielhierarchien*. Langfristige Ziele werden auf mehreren Ebenen durch eine systematische Vernetzung kurz- und mittelfristiger Ziele Schritt für Schritt erreicht (Fuchs, 1995). Hier zeigt sich die Komplexität sozial kompetenten Verhaltens sowie die Schwierigkeit der Evaluation. Ein kurzfristig nützliches Verhalten führt nicht zwangsläufig auch mittel- oder langfristig zum Ziel. Umgekehrt kann eine kurzfristige Zielverfehlung oftmals in einem zweiten oder dritten Versuch noch wettgemacht werden.

2.2 Automatisierte Steuerung des Sozialverhaltens

Das Modell der elaborierten Steuerung des Sozialverhaltens folgt dem Muster vieler kognitiver Theorien der Psychologie (siehe Kanning, 2001). Man geht davon aus, dass der Mensch sein Verhalten auf der Basis rationaler Analysen steuert. Zumindest lässt sich sein Verhalten jedoch durch rationale Modelle hinreichend gut beschreiben und prognostizieren. In der Tat, würde man dem skizzierten Modell folgen, so müsste – die Verfügbarkeit entsprechender Kompetenzen vorausgesetzt – eigentlich immer ein sozial kompetentes Verhalten resultieren. Wie sieht es jedoch in der Realität aus? Gehen Menschen gemeinhin rational und überlegt vor, wenn sie in alltäglichen Situationen handeln? Reflektieren sie immer die eigenen Ziele und die der Umwelt. Evaluieren sie die Zielerreichung?

Bedeutung von Heuristiken

Hier sind berechtigte Zweifel angebracht. Untersuchungen aus unterschiedlichen Forschungsfeldern der Psychologie belegen immer wieder, dass Menschen komplexe kognitive Operationen häufig durch den Einsatz von einfachen Regeln und Werkzeugen, sog. *Heuristiken* vereinfachen. Der Organismus folgt dabei offenbar einem gewissen Ökonomieprinzip, wonach möglichst maximale Effekte durch möglichst minimalen Aufwand erzielt werden sollen (Kanning, 1999b). Bargh und Chartrand (1999) verdeutlichen, dass automatisierte (heuristische) Prozesse der Informationsverarbeitung und Verhaltenssteuerung eher die Regel denn die Ausnahme darstellen. Auch in der Forschung zum Konzept der sozialen Kompetenz wird gelegentlich auf diesen Sachverhalt hingewiesen. Argyle (1967) spricht von sozialen Hinweisreizen, die dem Handelnden zeigen, welches Verhalten in einer konkreten Situation besonders adäquat ist. Begegnet dem Berater aus unserem Beispiel die Personalchefin zu Beginn des Gesprächstermins mit ausgestreckter Hand, so wird er wohl kaum die Situation umständlich analysieren, Ziele definieren, Vor- und Nachteile diverser Verhaltensoptionen abwägen etc. Er wird vielmehr direkt erkennen, dass sich hier ein Begrüßungsritual anbahnt, auf das in konventioneller Weise – Hand ausstrecken, lächeln, Begrüßung etc. – reagiert werden sollte. Insbesondere die Forschung zum nonverbalen Verhalten hat mehrere derartige Hinweisreize identifiziert (Forgas, 1987; Argyle, 1979). Die Verknüpfung zwischen solchen Hinweisreizen und dem Verhalten wird erlernt und ermöglicht dem Handelnden ein schnelles Reagieren. Dennoch kann nicht behauptet werden, dass Sozialverhalten immer durch Hinweisreize vollständig zu erklären wäre. Der Mensch folgt in seinem Verhalten eben nicht ausschließlich äußeren Reizen. Er ist in der Lage, willentlich auch gegen Hinweisreize zu agieren, flexibel auf immer gleiche Situationen zu reagieren oder sich ganz bewusst mit seiner Umwelt auseinander zu setzen. Gleichwohl wird er dies nicht in jeder sozialen Situation auch tun.

automatisierte Verhaltenssteuerung

Vor diesem Hintergrund erscheint es sinnvoll, neben unserem ersten Modell, das einen elaborierten Prozess der Handlungssteuerung beschreibt, ein zweites *Modell zur automatisierten Steuerung des Sozialverhaltens* aufzustellen (Kanning, 2002b). Der Prozess der Verhaltenssteuerung besteht nunmehr lediglich aus zwei Phasen (siehe Abbildung 10).

In der ersten Phase, der Situationsanalyse, setzt unser Mitarbeiter der Beratungsfirma die sozialen Hinweisreize der aktuellen Situation in eine Beziehung zu seinen eigenen Zielen. Möchte er gern freundlich und charmant auf die Personalchefin wirken und lächelt sie ihm im Verlaufe des Gespräches einmal zu, so wird dies als ein Zeichen gedeutet, das automatisch ein potenziell geeignetes Verhalten in Gang setzt (Phase 2). Zum Einsatz kommen Verhaltensroutinen, die sich in ähnlich gelagerten Situationen bereits bewährt haben: der Berater lächelt zurück, macht eine witzige Bemerkung und signalisiert seiner Gesprächspartnerin, dass er sich ganz und gar auf sie konzentriert. Die Hinweisreize werden dabei heuristisch verarbeitet, d. h. es erfolgt kein zeitintensives Abwägen alternativer Interpretationen. Stattdessen wird die Interpretation gewählt, die sich in den meisten ähnlich gelagerten Fällen bisher als zutreffend erwiesen hat. Würde der Berater eine elaborierte Analyse vorziehen, so müsste er zum einen zwischen verschiedenen Interpretationen des Verhaltens seiner Gesprächspartnerin abwägen und zum anderen mehrere Verhaltensoptionen auf ihren Nutzen hin überprüfen. Natürlich könnte das Lächeln der Personalchefin nicht ehrlich gemeint sein, vielleicht möchte sie ihn nur aufziehen, kokettiert mit ihrer Attraktivität, setzt das Lächeln ein, um eine stärkere Verhandlungsposition zu erreichen. All dies sind legitime Interpretationen, die der Berater abwägen könnte. Allerdings würde ein sorgfältiges Abwägen einen größeren Aufwand bedeuten und kognitive Kapazitäten binden, die dann für andere Aufgaben – wie etwa eine flüssige Fortführung des Gespräches – nicht zur Verfügung stehen würden. Die erste Phase baut auf perzeptiv-kognitiven Kompetenzen des Beraters auf. Die Hinweisreize müssen wahrgenommen und entschlüsselt werden (Argyle, 1967). Die Phase der Verhaltensäußerung erfordert, wie auch schon im ersten Modell, behaviorale sowie emotional-motivationale Kompetenzen. Erfolgreich zurücklächeln oder witzige

Bemerkungen machen kann der Berater nur dann, wenn er über die notwendigen Skills verfügt, selbstkontrolliert und emotional stabil zur Tat schreiten kann.

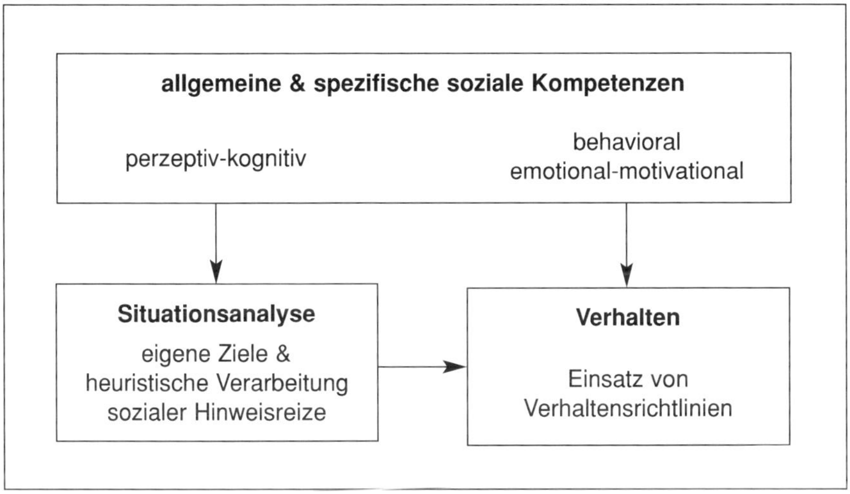

Abbildung 10:
Modell der automatisierten Steuerung des Sozialverhaltens

Das Modell der automatisierten Steuerung des Sozialverhaltens steht nicht im Widerspruch zum Modell der elaborierten Verhaltenssteuerung. Beide Modelle ergänzen einander vielmehr. In sozialen Situationen, die für den Handelnden sehr wichtig sind – z. B. die Präsentation einer Projektarbeit vor dem Vorstand oder das erste Auswahlgespräch eines Berufsanfängers in der Personalabteilung –, sollte das Verhalten dem ersten Modell folgen. Eine wichtige Voraussetzung hierfür ist allerdings, dass der Mitarbeiter die hierzu notwendigen kognitiven Kapazitäten besitzt. Fehlen ihm in einer konkreten Situation (oder generell) die notwendigen Kapazitäten und/oder ist er nicht hinreichend motiviert, so wird den automatisierten Prozessen der Vorrang gegeben. Vor allem routinierte Situationen, die immer wieder nach dem gleichen Schema ablaufen, erfordern keine elaborierte Analyse. Der Vorteil des elaborierten Vorgehens liegt in der größeren Sorgfalt, mit deren Hilfe die Wahrscheinlichkeit für ein sozial kompetentes Verhalten gesteigert werden kann. Diesen Vorteil erkauft man aber mit einem größeren Aufwand. Beim automatisierten Vorgehen liegt der Vorteil vor allem in der Geschwindigkeit bzw. dem geringen Aufwand, den die Handlungssteuerung erfordert. Sie ermöglicht ein schnelles und zuverlässiges Agieren in Routinesituationen. Da nicht alle Variablen sorgfältig analysiert werden, steigt jedoch die Wahrscheinlichkeit für suboptimales Verhalten in neuartigen bzw. schwierigen Situationen.

Die Fähigkeit des Menschen zur elaborierten als auch zur automatisierten Steuerung des Sozialverhaltens ist eine wichtige Grundlage, um in unterschiedlichsten, völlig neuen, aber auch immer wiederkehrenden Situationen sozial kompetent handeln zu können. Gleichwohl ist diese prinzipielle Fähigkeit keine Garantie für sozial kompetentes Verhalten. Im folgenden Kapitel gehen wir der Frage nach den Ursachen sozial inkompetenten Verhaltens auf den Grund.

2.3 Ursachen sozial inkompetenten Verhaltens

Die Beschäftigung mit den Ursachen sozial inkompetenten Verhaltens ist für das Personalmanagement mindestens genau so wichtig wie die Auseinandersetzung mit sozial kompetentem Verhalten. Man denke hier nur einmal an Mobbing am Arbeitsplatz (Neuberger, 1999; Zapf, 1999), Arbeitsunzufriedenheit, die durch sozial inkompetentes Führungsverhalten ausgelöst werden kann (Walter & Kanning, 2003) oder an wirtschaftliche Einbußen, die sich aus inkompetentem Verhalten gegenüber Kunden ergeben können. Dabei stellen Kompetenz und Inkompetenz genau genommen nur die Extrempole eines Kontinuums dar. Verhalten ist nicht einfach kompetent oder inkompetent, sondern mehr oder weniger kompetent bzw. inkompetent.

Nachdem wir uns in den beiden vorangestellten Abschnitten mit der Entstehung sozial kompetenten Verhaltens auseinander gesetzt haben, soll es im Folgenden nun um Erklärungen für defizitäres, also mehr oder minder sozial inkompetentes Verhalten gehen. Die Ursachen können anhand der beiden Modelle zur Entstehung sozial kompetenten Verhaltens beschrieben werden.

2.3.1 Akute vs. chronische Ursachen

Anforderungsbezug

Die Basis des Sozialverhaltens liegt in den allgemeinen und spezifischen Kompetenzen des Mitarbeiters. Unterschiedliche berufliche Aufgaben erfordern auch unterschiedliche Kompetenzprofile. Der Polizeibeamte, der sich am 1. Mai in einer Hundertschaft mit randalierenden Jugendlichen auseinander setzen muss, wird sicherlich von anderen Kompetenzen profitieren als der Pressesprecher eines Pharmakonzerns. Dies gilt insbesondere für die spezifischen sozialen Kompetenzen. Die zentrale Ursache für inkompetentes Verhalten ist in Defiziten auf der Ebene der allgemeinen und spezifischen Kompetenzen begründet. Je nachdem, welche Kompetenzen in Bezug auf die anstehende Aufgabe unzureichend ausgeprägt sind, resultieren Fehler in unterschiedlichen Phasen der Verhaltenssteuerung. Neben solchermaßen *chronischen Ursachen* sind jedoch immer auch *akute Ursachen* zu bedenken. Sie beziehen sich z. B. auf die aktuelle Aufmerksamkeit

chronische vs. akute Ursachen inkompetenten Verhaltens

des Handelnden und seine Motivation, in der konkreten Situation tatsächlich ein sozial kompetentes Verhalten zu zeigen. Ist der Handelnde müde, abgelenkt oder fühlt sich krank, so wird er der Verhaltenssteuerung nur vergleichsweise wenig Aufmerksamkeit widmen können und erhöht hierdurch selbst dann die Wahrscheinlichkeit für inkompetentes Verhalten, wenn er prinzipiell über die notwendigen Kompetenzen für ein sozial kompetentes Verhalten verfügt. Ähnlich verhält es sich mit der Motivation. So wie ein Sportler nur dann Spitzenleistungen zeigt, wenn er auch motiviert ist, sein Bestes zu geben, so können die vorhandenen Kompetenzen in einer konkreteren Situation auch nur dann erfolgreich zum Einsatz gebracht werden, wenn der Handelnde dies will.

Abbildung 11 verdeutlicht den Unterschied zwischen chronischen und akuten Ursachen sozial inkompetenten Verhaltens. In der Abbildung wird das zeitlich stabile Kompetenzprofil eines Mitarbeiters dem Anforderungsprofil einer konkreten Arbeitsaufgabe gegenübergestellt. Im günstigsten Falle passen die Kompetenzen zu den Anforderungen wie ein Schlüssel in ein Schloss. Es resultiert ein sozial kompetentes Verhalten (Beispiel A). Inkompetentes Verhalten liegt vor, wenn das Kompetenzprofil nicht zu den Anforderungen passt (Beispiel B). In diesem Falle handelt es sich um chronische Defizite, da sich die Kompetenzen nicht schnell verändern. Ist der Handelnde auf Grund mangelnder Aufmerksamkeit nicht in der Lage oder auf Grund mangelnder Motivation nicht bereit, seine Kompetenzen zum Einsatz zu bringen, so resultiert ebenfalls ein inkompetentes Verhalten. Die akuten Defizite in Aufmerksamkeit und Motivation wirken wie eine Barriere, die einer Umsetzung der vorhandenen Kompetenzen im Wege steht (Beispiel C). Darüber hinaus ist natürlich auch eine Kombination chronischer und akuter Defizite denkbar.

Einflüsse der Arbeitsumwelt

Neben Faktoren, die in der Person des Mitarbeiters liegen, können sich Faktoren der *Arbeitsumwelt* auf die Steuerung des Sozialverhaltens auswirken. Dies kann sowohl chronisch als auch akut geschehen. Die Aufmerksamkeit des Mitarbeiters hängt u. a. davon ab, wie stark die berufliche Belastung ausfällt. Ein Sachbearbeiter im Bauamt, der von seinem Vorgesetzten mit Arbeitsaufträgen überhäuft wird, die unter hohem Zeitdruck erledigt werden müssen, wird sich weitaus weniger Zeit mit Anfragen und Beschwerden von Bürgern nehmen können als ein Kollege, der über die hierzu notwendigen Freiräume verfügen kann. Auch leidet die Motivation des Mitarbeiters unter einem schlechten Betriebsklima. Wer ungern zur Arbeit kommt, weil ihn sein Vorgesetzter drangsaliert und zwischen den Kollegen ausschließlich ein Klima des Wettbewerbs herrscht, in dem man keinerlei Unterstützung findet, dürfte sich schwer tun, wenn er plötzlich Kunden mit ausgesuchter Höflichkeit gegenübertreten soll. Das Sozialverhalten der Mitarbeiter ist insofern auch ein Spiegelbild der Unternehmenskultur. Wirken sich Aspekte der Arbeitsumwelt (z. B. Unternehmenskultur) dauerhaft negativ auf die Motivation und die Aufmerksamkeit des Mitarbeiters aus, so haben wir es mit einer chronischen Ursache sozial inkompetenten Verhaltens zu tun. Eine akute Ursache kann hingegen in einer vorübergehenden Arbeitsüberlastung begründet sein.

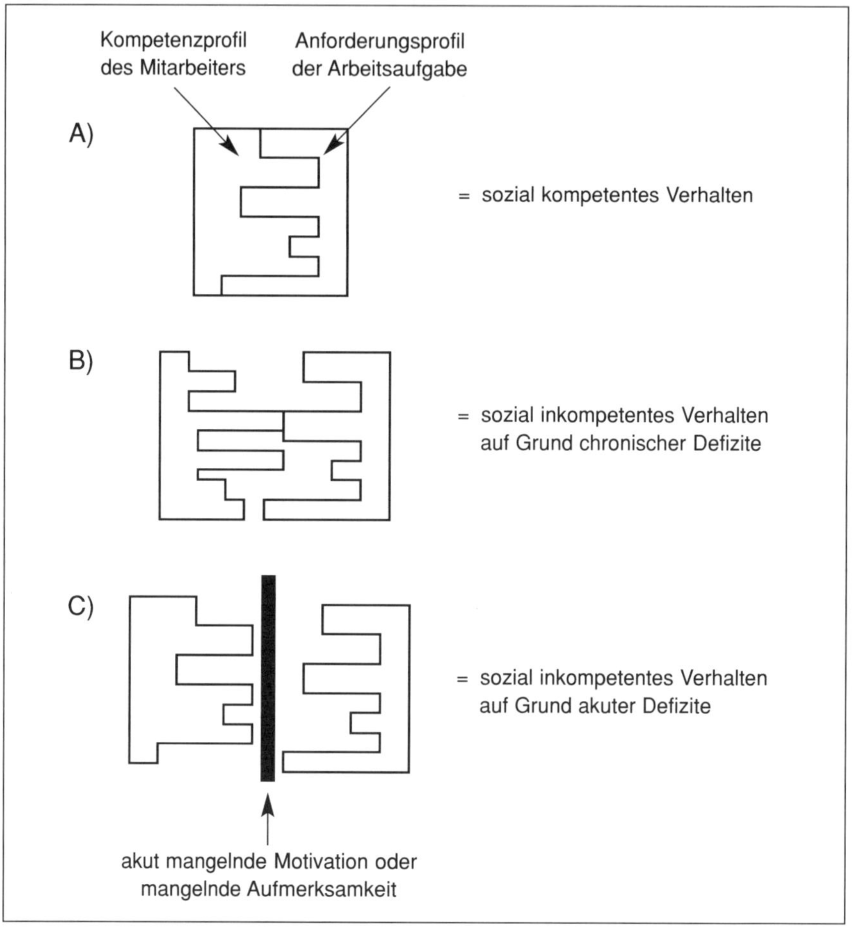

Abbildung 11:
Chronische und akute Ursachen sozial inkompetenten Verhaltens

2.3.2 *Probleme bei der elaborierten Steuerung des Sozialverhaltens*

Wenden wir uns nun zunächst dem Modell der elaborierten Steuerung des Sozialverhaltens zu, um den chronischen Ursachen näher auf den Grund zu gehen (vgl. Tabelle 4).

In der Phase der *Situationsanalyse* kann der Mitarbeiter zwei Fehler begehen. Zum einen kann er die eigenen Ziele falsch auswählen, zum anderen die Ansprüche der sozialen Umwelt falsch einschätzen. Im beruflichen Kontext ergeben sich die eigenen Ziele meist aus der Rolle, die der Mitarbeiter auszufüllen hat. Wer die eigene Rolle nicht hinreichend kennt, kann die Ziele, die durch das Unternehmen vorgegeben werden, nur per Zufall richtig definieren. Glaubt der Polizist aus unserem Beispiel, dass der Innenminister vor allem ein hartes Durchgreifen erwartet, so resultiert ein Verhalten, das letztlich als inkompetent gelten muss, weil von vornherein das tatsächliche Ziel der Deeskalation nicht erkannt wurde. Die richtige Einschätzung der sozialen Ansprüche setzt ebenfalls das Wissen um relevante Normen und Werte voraus. Das Verhalten des Beamten bewegt sich nicht in einem künstlichen Raum, in dem nur die Ziele der Organisation zählen würden. Auch übergeordnete gesellschaftliche Werte spielen hier eine prägende Rolle. In der direkten Auseinandersetzung mit einem anderen Menschen kann eine fehlerhafte Definition der sozialen Ansprüche überdies auf Defizite in der Personenwahrnehmung oder Perspektivenübernahme zurückzuführen sein. Dies wird besonders deutlich, wenn wir an den Mitarbeiter einer Reklamationsabteilung denken. Nur wenn er das Verhalten der Kunden reflektiert und sich in ihre Lage hineinversetzt, kann er erkennen, dass unterschiedliche Kunden verschiedene Erwartungen an sein Verhalten stellen. Während die einen lediglich eine sachliche Abwicklung der Reklamation erwarten, wünschen andere eine Entschuldigung und wieder andere möchten gar bemitleidet werden. Trotz vorhandener Kompetenzen kann es in der Situationsanalyse zu Fehlern kommen, weil der Mitarbeiter den Geschehnissen aktuell nicht genügend Aufmerksamkeit widmet. Möglicherweise hat unser Protagonist aus der Reklamationsabteilung in der letzten Nacht nur zwei Stunden geschlafen und ist völlig übermüdet oder leidet unter Zahnweh. Vielleicht ist z. Z. aber auch so viel zu tun, dass er ständig abgelenkt wird und sich daher dem einzelnen Kunden nicht mit der üblichen Aufmerksamkeit zuwenden kann. Hinzu kommt, dass der Mitarbeiter nicht in jeder beliebigen Situation in gleichem Maße motiviert ist, die aktuelle Arbeitsaufgabe möglichst optimal zu lösen.

Probleme bei der Situationsanalyse

Geht es um die *Analyse der Verhaltensoptionen*, so können fünf Fehler auftreten. Zunächst muss der Mitarbeiter mögliche Verhaltensoptionen generieren und sie anschließend auf ihre Tauglichkeit hin überprüfen. Nur dann, wenn gute Optionen generiert werden, können sie auch analysiert und schließlich ausgewählt werden. Die erste potenzielle Fehlerquelle liegt also bei der Generierung der Optionen. Fehler zwei und drei beziehen sich auf die Analyse. Für jede potenziell geeignete Verhaltensalternative muss abgeschätzt werden, inwieweit sie der Verwirklichung eigener Ziele dient und gleichzeitig den Ansprüchen der Umwelt Genüge leistet. Beide Einschätzungen können fehlerhaft sein. Der vierte Fehler resultiert aus den

Probleme bei der Analyse der Verhaltensoptionen

vorausgehenden. Der Mitarbeiter entscheidet sich letztlich für eine Alternative, die objektiv betrachtet selbst dann zu einem sozial inkompetenten Verhalten führt, wenn er sie fehlerfrei in die Tat umsetzt. Fehler Nummer 5 tritt auf, wenn die Entscheidung schnell getroffen werden müsste, der Handelnde sich aber nicht schnell für eine der Optionen entscheiden kann. Neben mangelnder Entscheidungsfreudigkeit liegen die chronischen Ursachen einer fehlerhaften Analyse der Verhaltensoptionen z. B. in dem mangelnden Wissen über potenziell effektive Optionen. Man denke hier etwa an einen Berufsanfänger, der noch keine Strategien für den Umgang mit problematischen Kunden entwickelt hat. Die Analyse der Optionen im Hinblick auf die Verwirklichung eigener Ziele bzw. die Ansprüche der Umwelt setzen voraus, dass beide richtig eingeschätzt werden. Wie schon in der Phase der Situationsanalyse, so machen sich auch hier insbesondere Defizite im deklarativen und prozeduralen, sozialen Wissen, in der Personenbeurteilung und der Perspektivenübernahme negativ bemerkbar. Nur dann, wenn der Kundenberater sein Gegenüber richtig einschätzt, kann er auch analysieren, welche Verkaufsstrategien beim Kunden X besonders geeignet wären. In der Regel wird es meist nicht nur eine einzige Verhaltensoption geben, die sinnvoll ist. Die Auswahl einer Option kann folglich nicht rein rational bewältigt werden. Spätestens an dieser Stelle kommen emotional-motivationale Kompetenzen des Mitarbeiters ins Spiel. Sie erleichtern dem Handelnden die Entscheidung. Doch so nützlich sie auf der einen Seite auch sind, auf der anderen Seite können sie die Quelle für eine fehlerhafte Auswahl darstellen. Der Mitarbeiter in der Reklamationsabteilung wählt möglicherweise eine sehr unfreundliche Reaktion aus, weil er sich auf Grund seiner geringen emotionalen Stabilität leicht von einem unfreundlichen Kunden provozieren lässt. Ein Polizeibeamter, dessen Wertepluralismus nur gering ausgeprägt ist reagiert auf normverletzendes Verhalten von Bürgern vielleicht von vornherein betont autoritär.

Probleme bei der Umsetzung des Verhaltens

In der Phase der *Umsetzung des zuvor ausgewählten Verhaltens* kommt es zu einem inkompetenten Verhalten, wenn entweder zuvor ungünstige Verhaltensstrategien ausgewählt wurden, oder wenn an sich geeignete Verhaltensstrategien nicht angemessen umgesetzt werden (Becker & Heimberg, 1988). Entscheidet sich der Mitarbeiter der Reklamationsabteilung z. B. dafür, den wütenden Kunden seinerseits zu beschimpfen und verfügt über ein umfassendes Arsenal beleidigender Begriffe, die er zielsicher zum Einsatz bringt, so resultiert trotz der vorhandenen rhetorischen Kompetenzen kein sozial kompetentes Verhalten. Entschließt er sich stattdessen zu einem besonnenen und ruhigen Vorgehen, kann seine Wut in der Situation aber nicht im Zaume halten, so wird das Verhalten ebenso wenig sozialkompetent sein. Betrachten wir nur die Umsetzung eines an sich sozial kompetenten Verhaltens, so liegen die chronischen Ursachen für eine missglückte Umsetzung vor allen in defizitär ausgeprägten behavioralen Kompetenzen oder in mangelnder emotionaler Stabilität.

Probleme bei der Evaluation

Die letzte Phase des Handlungsprozesses bezieht sich auf die *Evaluation*. Der Mitarbeiter überprüft, inwieweit sein Verhalten tatsächlich eigene Ziele verwirklicht bzw. ihn der Zielerreichung näher bringt und dabei auch die Ansprüche der Umwelt hinreichend berücksichtigt wurden. Eine fehlerhafte Evaluation kann auf eine falsche Definition der eigenen Ziele bzw. der sozialen Ansprüche zurückgehen. Hier unterscheidet sich die Evaluationsphase nicht von der Situationsanalyse oder der Analyse der Verhaltensoptionen. Darüber hinaus können die realen Konsequenzen aber auch verzerrt wahrgenommen werden. Verfügt ein Außendienstmitarbeiter nur über geringe Kompetenzen im Bereich der Personenwahrnehmung, so merkt er vielleicht nicht, dass seine Verkaufsstrategie bei einem bestimmten Kunden nicht zum Ziel führen wird. Statt frühzeitig einen neuen Weg einzuschlagen, zieht er in mehreren Handlungszyklen sein Vorhaben durch und

Tabelle 4:
Wichtige Ursachen für sozial inkompetentes Verhalten im Prozess der elaborierten Verhaltenssteuerung

Handlungsphasen	Fehler im Prozess der Verhaltenssteuerung	wichtige chronische Ursachen
Situationsanalyse	– Ziele falsch eingeschätzt – Ansprüche falsch eingeschätzt	– mangelndes Wissen um Rollen, Normen oder Werte – mangelnde Perspektivenübernahme – defizitäre Personenwahrnehmung
Analyse der Verhaltensoptionen	– Generierung falscher Optionen – Ziele falsch eingeschätzt – Ansprüche falsch eingeschätzt – Auswahl falscher Optionen – zu langsame Analyse	– defizitäres Wissen um effektive Verhaltensstrategien – mangelndes Wissen um Rollen, Normen oder Werte – mangelnde Perspektivenübernahme – defizitäre Personenwahrnehmung – geringe emotionale Stabilität – mangelnde Entscheidungsfreudigkeit
Umsetzung des Verhaltens	– defizitäre Umsetzung geeigneter Optionen – korrekte Umsetzung ungeeigneter Optionen	– defizitär ausgeprägte behaviorale Kompetenzen – mangelnde emotionale Kompetenz
Evaluation	– verzerrte Wahrnehmung der Konsequenzen – Ziele falsch eingeschätzt – Ansprüche falsch eingeschätzt – fehlerhafte Lokalisierung der Ursachen für nicht zielführendes Verhalten	– Defizite in der Selbstaufmerksamkeit – mangelndes Wissen um Rollen, Normen oder Werte – mangelnde Perspektivenübernahme – defizitäre Personenwahrnehmung

sieht erst zum Schluss, nachdem der Kunde explizit das Produkt ablehnt, sein Fehlverhalten. Erkennt der Handelnde im Zuge der Evaluation hingegen die mangelnde Zielführung seines Verhaltens, so kann es dennoch zu einer Fehleinschätzung der Situation kommen, weil er die Ursachen falsch lokalisiert. Die Fehleinschätzung wirkt sich in diesem Falle allerdings erst im folgenden Handlungszyklus aus. Glaubt der Mitarbeiter aus unserem Beispiel, dass er den Kunden nur deshalb nicht beruhigen konnte, weil er nicht forsch genug die Beschwerden des Kunden zurückgewiesen hat, so wird er im nächsten Handlungszyklus offensiver auftreten und den Kunden damit wahrscheinlich vollends gegen sich aufbringen. Auf Grund der Verwandtschaft der ersten und vierten Phase sind die chronischen Ursachen für sozial inkompetentes Verhalten nahezu deckungsgleich. Das Ergebnis der Analyse hängt stark vom sozial relevanten Wissen des Handelnden sowie seinen Kompetenzen auf dem Gebiet der Personenbeurteilung und der Perspektivenübernahme ab. Da es um die Beurteilung des eigenen Verhaltens geht, kommt überdies der Selbstaufmerksamkeit eine zentrale Rolle zu. Wer sein eigenes Verhalten und die Reaktionen der Umwelt nicht reflektiert, kann kaum eine zutreffende Evaluation vornehmen.

2.3.3 Probleme bei der automatisierten Steuerung des Sozialverhaltens

Wie ist es nun aber um die chronischen Defizite im Prozess der automatisierten Steuerung des Sozialverhaltens bestellt? Die automatisierte Verhaltenssteuerung erfolgt in gewisser Weise „kurzschlussartig" in zwei Phasen. In Phase 1 der Situationsanalyse müssen die eigenen Handlungsziele bestimmt und soziale Hinweisreize heuristisch verarbeitet werden. In der zweiten Phase kommen dann Verhaltensroutinen zum Einsatz.

Probleme bei der automatisierten Situationsanalyse

Fehler in der Phase der *Situationsanalyse* beziehen sich auf die Definition der eigenen Handlungsziele sowie auf die Wahrnehmung und Interpretation sozialer Hinweisreize. Noch sehr viel mehr als bei der elaborierten Verhaltenssteuerung kommt es bei der automatisierten Steuerung auf das sozial relevante Wissen an. Eigene Handlungsziele im beruflichen Kontext hängen von der Rollendefinition des Mitarbeiters, von Normen und Werten des Unternehmens ab. Wer sich hier nicht auskennt, kann die Handlungsziele auch nicht richtig definieren. Ebenso wichtig ist soziales Wissen für die Interpretation von Hinweisreizen. Wer Hinweise in der Mimik und Gestik seines Gegenübers, soziale Rituale u. Ä. nicht kennt, kann auf entsprechende Reize auch nicht adäquat reagieren. Entsprechendes Wissen kann allgemein gesellschaftlicher Natur sein oder sich – im Sinne einer spezifischen sozialen Kompetenz – ausschließlich auf das eigene Unternehmen beziehen. So wird beispielsweise die langjährige Assistentin eines Vorstandsvorsitzenden gelernt haben, in welchen Situationen ihr Chef einen

Rat haben möchte, Kritik vertragen kann oder lieber in Ruhe gelassen werden möchte. Hierbei handelt es sich um die Kenntnis sehr individueller Hinweisreize, die eine Kollegin nicht richtig zu deuten wüsste. Mehr noch, die Kollegin würde so manchen Hinweisreiz nicht einmal wahrnehmen. Hierin liegt eine weitere wichtige Quelle inkompetenten Verhaltens. Defizite im Bereich der Personenwahrnehmung führen dazu, das Hinweisreize übersehen werden.

Probleme bei der automatisierten Umsetzung des Verhaltens

In der *Verhaltensphase* kommen Handlungsroutinen zum Einsatz. Bereits häufig eingesetzte Verhaltenmuster werden dabei in immer gleicher Weise nahezu reflexartig angewandt. Inkompetentes Verhalten entsteht, wenn falsche also situationsungepasste Verhaltensroutinen ausgewählt oder richtige Routinen fehlerhaft umgesetzt werden. Wichtige Ursachen hierfür sind neben einer unbefriedigenden Situationsanalyse Defizite im Bereich der behavioralen Kompetenzen sowie eine mangelnde emotionale Stabilität. So hilft es beispielsweise der Urlaubsvertretung der Vorstandsassistentin wenig, wenn sie weiß, wie man auf den Chef reagieren sollte, ein solches Verhalten aber noch niemals ausprobiert hat oder so nervös ist, dass sie ein an sich verfügbares Verhaltensmuster nicht souverän umsetzen kann. Wie der Name schon sagt, haben Verhaltensroutinen vor allem etwas mit Übung zu tun. Je geübter ein Verhalten ist, umso unwahrscheinlicher dürften Probleme bei der Verhaltensäußerung sein.

Tabelle 5:
Wichtige Ursachen für sozial inkompetentes Verhalten im Prozess der automatisierten Verhaltenssteuerung

Handlungsphasen	Fehler im Prozess der Verhaltenssteuerung	wichtige chronische Ursachen
Situationsanalyse	– Ziele falsch eingeschätzt – fehlerhafte Wahrnehmung sozialer Hinweisreize – fehlerhafte Deutung sozialer Hinweisreize	– mangelndes soziales Wissen – defizitäre Personenwahrnehmung
Verhalten	– defizitäre Umsetzung von geeigneten Verhaltensroutinen – korrekte Umsetzung ungeeigneter Verhaltensroutinen	– defizitär ausgeprägte behaviorale Kompetenzen – mangelnde emotionale Kompetenz

Die Ursachen für sozial wenig oder inkompetentes Verhalten sind vielfältig. Unsere Ausführungen thematisieren nur die wichtigsten Punkte. Auch kann man sich fragen, wo die Defizite ihrerseits ihren Ursprung finden. Die Begründungen sind nahezu uferlos. Sie liegen in den Lernerfahrungen der Mitarbeiter, in ungünstigen Arbeitsbedingungen, im Führungsverhalten der Vorgesetzten, in fehlenden oder fehlgeleiteten Interventionsmaßnahmen im

Bereich der Personal- und Organisationsentwicklung etc. Trotz der Vielfalt möglicher Ursachen steht das Personalmanagement dem Phänomen sozial defizitären Verhaltens keineswegs machtlos gegenüber. Nachfolgend wollen wir der Frage nachgehen, welche Einflussmöglichkeiten dem Personalmanagement prinzipiell zur Verfügung stehen.

2.4 Einflussmöglichkeiten

Die Einflussmöglichkeiten lassen sich den drei großen Anwendungsfeldern der Personal- bzw. der Organisationspsychologie zuordnen: Personalauswahl und -platzierung, Personalentwicklung und Organisationsentwicklung. Abbildung 12 gibt einen Überblick.

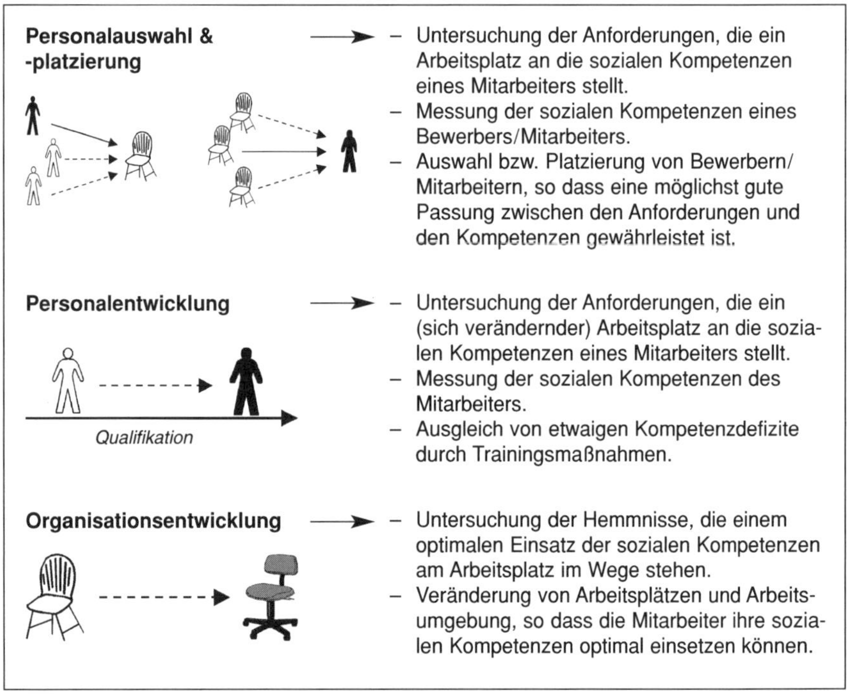

Abbildung 12:
Interventionsmaßnahmen im Überblick

2.4.1 Personalauswahl und -platzierung

Personalauswahl und -platzierung

Der einfachste Weg, dem Problem sozial inkompetenten Verhaltens im Unternehmen zu begegnen, ist eine effektive *Personalauswahl und -platzierung*. Im Falle der Personalauswahl gilt es, für einen bestimmten Arbeitsplatz einen möglichst gut geeigneten Kandidaten zu finden. Dabei stehen mehrere Bewerber zur Auswahl. Bei der Personalplatzierung ändert sich das Verhältnis zwischen Arbeitsplätzen und Interessenten insofern, als dass man innerhalb des Unternehmens für einen bestimmten Mitarbeiter einen Arbeitsplatz sucht, der sich so weit wie möglich mit den Interessen und Kompetenzen des Kandidaten deckt. Ein einzelner Mitarbeiter steht z. B. im Anschluss an eine Trainee-Ausbildung mehreren potenziell geeigneten Arbeitsplätzen gegenüber. In beiden Fällen ist die Aufgabe des Personaldiagnostikers zweigeteilt. Zum einen muss im Zuge einer Anforderungsanalyse ermittelt werden, welche Anforderungen ein konkreter Arbeitsplatz an die sozialen Kompetenzen stellt, zum anderen müssen die Kompetenzen des potenziellen Arbeitsplatzinhabers untersucht werden (vgl. Schuler, 2000). Dabei können sowohl allgemeine als auch berufsspezifische soziale Kompetenzen eine Rolle spielen. Die Entscheidung fällt letztlich zu Gunsten der besten Passung zwischen Anforderungen und Kompetenzen. Die Personaldiagnostik stellt eine große Zahl unterschiedlicher Methoden zur Verfügung, mit denen diese Aufgabe bewältigt werden kann (Kanning, 2004; Schuler 2000). Neben Testverfahren und diversen Instrumenten zur Selbst- und Fremdbeschreibung kommt in diesem Zusammenhang vor allem der Verhaltensbeobachtung in natürlichen oder simulierten Arbeitssituationen eine besondere Bedeutung zu. Wir werden hierauf in Kapitel 3 noch ausführlich eingehen.

2.4.2 Personalentwicklung

Personalentwicklung

Im Falle der *Personalentwicklung* sind die fraglichen Arbeitsplätze bereits mit Mitarbeitern besetzt. Nun stellt sich die Frage, ob die Mitarbeiter den Anforderungen des Alltags tatsächlich ausreichend gewachsen sind. Oft ist dies nicht der Fall, weil das Unternehmen auf dem Arbeitsmarkt keine ausreichend qualifizierten Bewerber finden konnte. Ein anderer Grund liegt in möglichen Veränderungen des Arbeitsplatzes, die zum Zeitpunkt der Einstellung der Mitarbeiter noch nicht abzusehen waren. Man denke hier nur einmal an die Veränderungen im öffentlichen Dienst, wo sich immer stärker der Dienstleistungsgedanke verbreitet. Während vor 20 oder gar 30 Jahren ein städtischer Beamter oder ein Polizist darauf vertrauen konnte, dass ihm die meisten Bürger mit Respekt begegneten und Anweisungen der staatlichen Autorität ohne große Schwierigkeiten Folge leisteten, treten die Kunden heute sehr viel selbstbewusster auf. Mit den sich verändernden Werten der Gesellschaft verändert sich auch der Anspruch an das Sozialverhalten der betroffenen „Dienstleister". Wer heute gegenüber dem Bürger betont autoritär auftritt, läuft Gefahr, am nächsten Morgen in der Lokalpresse gerügt zu werden oder sich in einigen Wochen als Negativbeispiel in einem Fernsehbericht wiederzufinden. Ähnlich, wenn auch wohl nicht gleich dramatisch sind die Ansprüche an Unternehmen gestiegen, die in einer Zeit, in der sich die Produkte konkurrierender Unternehmen in ihrer Qualität zunehmend angleichen, mehr und mehr auf Freundlichkeit und Service setzen müssen. Im Zuge einer effizienten Personalentwicklung bestimmt man zunächst den Entwicklungsbedarf über einen Vergleich zwischen den veränderten Anforderungen des Arbeitsplatzes und den vorhandenen Kompetenzen der Mitarbeiter. In einem zweiten Schritt entwickelt man hieraus Trainingsmaßnahmen, mit deren Hilfe etwaige Kompetenz- bzw. Verhaltensdefizite ausgeglichen werden können. In Abhängigkeit von den Ergebnissen der Bedarfsanalyse können sehr unterschiedliche Maßnahmen resultieren. Ein Blick in die Tabelle 4 vermittelt bereits eine Vorstellung von der Vielgestaltigkeit der Maßnahmen. Geht es in einem Fall allein um die Vermittlung von Skills – also sehr konkreten Fertigkeiten, die z. B. bei der Annahme einer Reklamation oder in einem Verkaufsgespräch zu einem positiven Ergebnis beitragen –, stehen in einem anderen Fall grundlegendere Fähigkeiten zur Selbstreflexion oder Perspektivenübernahme im Zentrum der Bemühungen. Mit diesem Themenkreis beschäftigen wir uns in Kapitel 4 ausführlicher.

2.4.3 Organisationsentwicklung

Sozial kompetentes Verhalten ist nicht nur Ausdruck bestimmter Kompetenzen. Der Mitarbeiter muss auch in die Lage versetzt werden, dass er seine vorhandenen Potenziale entfalten kann. So mag manch ein an sich kompetenter Mitarbeiter nur deshalb zu einer suboptimalen Verhaltensstrategie greifen, weil er unter hohem Zeitdruck steht und daher auf fragwürdige Heuristiken zurückgreifen muss. Eine andere, umweltbedingte Ursache für unerwünschtes Sozialverhalten kann in der Organisationskultur begründet sein. Ein Unternehmen, in dem man mit den eigenen Mitarbeitern nicht sozial kompetent umgeht, kann nicht erwarten, dass sich die Mitarbeiter gegenüber den Kunden ausnehmend freundlich und zuvorkommend benehmen. Auch ist beispielsweise Mobbing am Arbeitsplatz nicht nur das Ergebnis der aggressiven Persönlichkeit eines einzelnen Mitarbeiters, der seinen Kollegen schikaniert. Viel häufiger haben wir es mit einem komplexeren „Netzwerk" des Mobbings zu tun, an dem sich gleichermaßen Kollegen und Vorgesetzte beteiligen. In diesem Fall wird sozial inkompetentes Verhalten zur Verhaltensnorm, an der sich auch solche Mitarbeiter orientieren, die eigentlich anders handeln wollen. Der dritte und letzte große Bereich von Maßnahmen, die sich mit der Förderung sozial kompetenten Verhaltens am Arbeitsplatz beschäftigen, bezieht sich daher auf die Gestaltung von Arbeitsplätzen und Arbeitsumgebungen. Im Zuge der *Organisationsentwicklung* muss eruiert werden, inwiefern die Entfaltung vorhandener Kompetenzen durch widrige Arbeitsbedingungen gehemmt wird. Der zweite Schritt dient dann der Veränderung der Bedingungen. Auch in diesem Fall bieten sich dem Personalmanager zahlreiche Optionen, die jeweils kontextspezi-

Organisationsentwicklung

fisch ausgewählt und umgesetzt sein wollen. Veränderte Arbeitszeitmodelle können einerseits die subjektiv erlebte Belastung reduzieren und andererseits zu einer höheren Arbeitszufriedenheit beitragen (Wagner, 1995), was letztlich der Aufmerksamkeit und Motivation im Prozess der Steuerung des Sozialverhaltens zugute kommen sollte. Gleiches gilt für die materielle Gestaltung von Arbeitsplätzen. Optimale Werkzeuge, ein reibungsloser Produktionsprozess, eine ansprechende räumliche Gestaltung des Arbeitsumfeldes, dies alles sind veränderbare Faktoren der Arbeitsumwelt, die sich positiv auf das Erleben der Mitarbeiter und damit verbunden auch positiv auf deren Sozialverhalten auswirken können. Die Einführung von Gruppenarbeit wirkt einem „Einzelkämpfertum“ entgegen, da ein reibungsloser Arbeitsprozess nur dann gewährleistet ist, wenn die Mitarbeiter als Team zusammenarbeiten. Belohnungssysteme können zielgerichtet zur Förderung eines sozial kompetenten Umgangs mit Kunden, Kollegen und Mitarbeitern eingesetzt werden. Leitbilder definieren die Unternehmenswerte und -ziele. Sozial kompetentes Verhalten kann bereits auf dieser abstrakten Ebene als ein zentrales Anliegen der Organisation festgeschrieben werden.

2.5 Fazit

Sozial kompetentes Verhalten kann durch unterschiedliche Prozesse zu Stande kommen. Entweder analysiert der Mitarbeiter sehr sorgfältig die aktuelle Situation, wählt mit Bedacht ein geeignet erscheinendes Verhalten aus und reflektiert anschließend den Erfolg des Unterfangens oder aber er handelt sehr schnell und greift dabei auf Heuristiken und Handlungsroutinen zurück. In den allermeisten Situationen des beruflichen Alltags dürfte wohl der zweite Weg der üblichere sein. Dies gilt vor allem für soziale Situationen, die immer wiederkehren. Eine solchermaßen automatisierte Handlungssteuerung ermöglicht dem Mitarbeiter ein zügiges Agieren. Erkauft wird dieser Gewinn an Funktionalität jedoch mit einer größeren Wahrscheinlichkeit für fehlangepasstes Verhalten.

Zu einem sozial inkompetenten Verhalten kommt es, wenn der Mitarbeiter den spezifischen Anforderungen einer bestimmten Situation aktuell oder auch zeitlich überdauernd nicht gewachsen ist. Die Ursachen hierfür liegen zum einen in mangelnden Kompetenzen, fehlerhaften Heuristiken oder Verhaltensroutinen, zum anderen in der Arbeitsumwelt, die es dem einzelnen nicht erlaubt, vorhandene Potenziale zu entfalten.

Die Interventionsmöglichkeiten des Personalmanagers beziehen sich demzufolge sowohl auf die Kompetenzen der Mitarbeiter (Personalauswahl, -platzierung und -entwicklung) als auch auf die materiellen, organisatorischen und sozialen Charakteristika der Arbeitsumwelt (Organisationsentwicklung). Während man sich im Rahmen der Personalauswahl und -platzierung mit der Messung der vorhandenen Kompetenzen bzw. dem sozial kompetenten Verhalten beschäftigt, stehen in der Personal- oder Organisationsentwicklung Kompetenzdefizite bzw. inkompetentes Verhalten im Zentrum der Aufmerksamkeit. Will man beispielsweise einen neuen Außendienstmitarbeiter einstellen, so fragt man nicht danach, was er nicht kann, sondern analysiert vorhandene Fähigkeiten und Fertigkeiten. In die nähere Auswahl gelangen Bewerber, die z. B. extravertiert sind, die Perspektive anderer Menschen einnehmen können, emotional stabil sind und noch dazu rhetorisch geschickt agieren. Personalentwicklungsmaßnahmen zur Steigerung derartiger Kompetenzen setzen bei wahrgenommenen Defiziten an und versuchen diese auszugleichen. Organisationsentwicklungsmaßnahmen nehmen demgegenüber Veränderungen der Arbeitsumwelt in Angriff, da die Defizite nicht in den Kompetenzen der Mitarbeiter, sondern im weitesten Sinne in den Merkmalen des Arbeitsplatzes liegen.

Unabhängig von der Frage, welcher Weg im konkreten Fall der richtige ist, fällt auf, dass der Personaldiagnostik jeweils eine Schlüsselfunktion zukommt. Ohne eine gute Personaldiagnostik lässt sich nicht feststellen, welche Anforderungen ein Arbeitsplatz an einen Mitarbeiter stellt, über welche Kompetenzen der Mitarbeiter bereits verfügt, welche noch weiter entwickelt werden müssen und wo etwaige Defizite der Arbeitsumwelt liegen (vgl. Kanning, 2004). Im folgenden Kapitel beschäftigen wir uns daher ausschließlich mit den Methoden zur Messung sozialer Kompetenzen.

3 Analyse sozialer Kompetenzen

Der Schlüssel zu einem effizienten Personalmanagement liegt in einer guten Personaldiagnostik (Kanning, 2004; Schuler, 2000). Personaldiagnostische Methoden helfen bei der Auswahl geeigneter Bewerber und der Platzierung von Mitarbeitern innerhalb des Unternehmens. Potenziale sowie Kompetenzdefizite lassen sich ermitteln und Entwicklungsprozesse, die z. B. durch gezielte Fördermaßnahmen angestoßen wurden, messen. Insofern dient die Personaldiagnostik zwei einander ergänzenden Zielen. Zum einen gewährleistet sie eine gute Passung zwischen den Merkmalen eines Mitarbeiters und den Anforderungen seines Arbeitsplatzes. Dies kommt in gleicher Weise der Arbeitszufriedenheit sowie der Produktivität zu Gute. Zum anderen legt sie die Basis für einen ökonomischen Einsatz der Ressourcen. Entwicklungsmaßnahmen können bedarfsgerecht konzipiert und durch beständige Evaluation optimiert werden. Überall dort, wo Organisationsmitglieder als Vorgesetzte, Mitarbeiter, Kollegen oder Dienstleister mit anderen Menschen zu tun haben, sollte sich die Personaldiagnostik insbesondere mit der Messung sozialer Kompetenzen beschäftigen, denn es sind eben diese Kompetenzen, die das Sozialverhalten maßgeblich steuern (vgl. Kapitel 2).

Die Psychologie stellt sehr unterschiedliche Methoden zur Messung sozialer Kompetenzen bzw. sozial kompetenten Verhaltens zur Verfügung. Sie lassen sich in vier Gruppen zusammenfassen (vgl. Kanning, 2003a): *Kognitive Leistungstests* setzen unmittelbar auf der Ebene der Kompetenzen an, die dem Sozialverhalten eines Menschen zu Grunde liegen (vgl. Abbildung 13). Wie die Bezeichnung bereits verrät, beschränken sie sich dabei allerdings auf (perzeptiv-)kognitive Kompetenzen, wie z. B. die Deutung nonverbaler Botschaften. Die Methoden der *Verhaltensbeobachtung* und der *Verhaltensbeschreibung* beziehen sich auf das sichtbare Verhalten eines Menschen. Möchte man etwas über die zu Grunde liegenden Kompetenzen erfahren, so bedarf es mehrerer Beobachtungen bzw. Beschreibungen, die sich auf verschiedene Situationen beziehen. Nur so lässt sich der Einfluss der Kompetenzen von den Umwelteinflüssen trennen (s. u.). Der wesentliche Unterschied zwischen beiden Verfahrensweisen liegt in der Unmittelbarkeit, mit der das Sozialverhalten untersucht wird. Bei der Verhaltensbeobachtung tritt das Sozialverhalten in der diagnostischen Situation direkt in Erscheinung und kann daher sehr systematisch analysiert werden. Eine solchermaßen systematische Beobachtung des Verhaltens ist z. B. in Interviews, Assessment Center oder Arbeitsproben möglich. Bei der Verhaltensbeschreibung begnügt man sich hingegen mit mehr oder minder abstrakten Berichten und Bewertungen eines Verhaltens, das weiter zurück liegt und in der Regel nicht systematisch analysiert wurde. Zum Einsatz kommen Interviews oder Fragebögen. Die vierte Methodengruppe entfernt sich noch weiter von den eigentlichen Kompetenzen bzw. dem sichtbaren Verhalten. Sie beschäftigt sich mit der *Messung komplexer Kompetenzindikatoren*. Hierzu zählen vor allem biografische Ereignisse. So könnte man beispielsweise aus der Tatsache, dass ein Bewerber schon als junger Mensch Führungsaufgaben in der Schule oder in Freizeitgruppen übernommen hat, schließen, dass er über gewisse Führungskompetenzen verfügt.

vier Diagnosemethoden

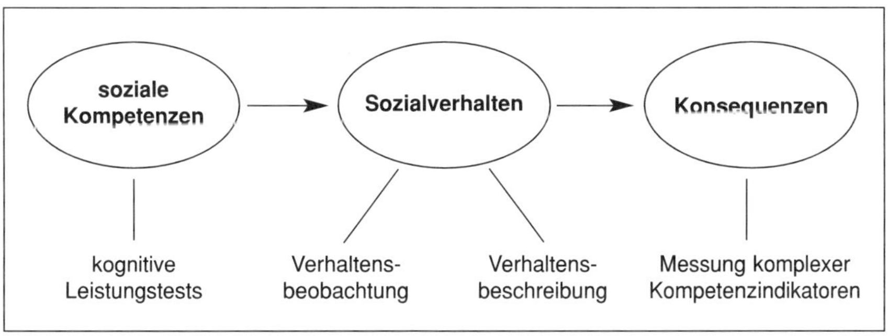

Abbildung 13:
Diagnostische Methoden im Überblick

3.1 Kognitive Leistungstests

Stellen wir uns einmal die folgende Situation vor. In einen großen Automobilkonzern müssen die Plätze eines Trainee-Programms neu besetzt werden. Zielgruppe sind Hochschulabsolventen unterschiedlichster Fächer, die das Potenzial zur Führungskraft in sich tragen. Die Nachwuchsführungskräfte sollen in den nächsten fünf Jahren – zunächst im Trainee-Programm und später in der Berufspraxis – dahingehend weiterqualifiziert und gefördert werden, dass sie in etwa fünf Jahren die Funktion eines Teamleiters übernehmen können. Man interessiert sich insbesondere für die sozialen Kompetenzen der Bewerber, da die Führungsarbeit im Unternehmen zu 80 % in der Auseinandersetzung mit anderen Menschen besteht. In jeder Gesprächssituation muss der Vorgesetzte u. a. über perzeptiv-kognitive Kompetenzen verfügen. So muss er beispielsweise beim Beurteilungsgespräch die Reaktionen des Mitarbeiters richtig interpretieren können, damit er eine angemessene Sprache findet und unnötige Verletzungen vermeidet. In unserem Beispielfall entscheidet sich die Personalabteilung für den Einsatz eines kognitiven Leistungstests.

Grundlage eines jeden Testverfahrens ist die Formulierung von Leistungsaufgaben wobei zwischen richtigen und falschen Lösungsmöglichkeiten unterschieden wird. In der Regel werden dem Probanden zu jeder Aufgabe mehrere Antwortalternativen vorgelegt, aus denen er eine auswählen muss. Die Messung erfolgt am Computer oder auf klassischem Wege mit Aufgabenheft und Stift („paper-pencil"). Ein Blick in die Fachliteratur (Überblick: Bastians & Runde, 2002; Kanning, 2003a; Schmidt, 1995) zeigt, dass die Aufgaben derartiger Tests sehr unterschiedlich gestaltet sein können (vgl. nachfolgenden Kasten).

Wahrnehmung und Interpretation sozialer Stimuli

Manche Testitems beziehen sich auf die *Wahrnehmung und Interpretation* sozialer Stimuli (Moss, Hunt, Omwake & Ronning, 1927; O'Sullivan & Guiford, 1966). Dabei wird der Bewerber z. B. mit Bildern oder Filmen konfrontiert, in denen er das Gesicht eines anderen Menschen oder auch eine komplexere Handlung beobachten kann. Anschließend soll der Proband entscheiden, in welcher emotionalen Verfassung sich der Protagonist befunden hat (vgl. Abbildung 14). Ähnlich gelagert sind Aufgaben, bei denen zunächst das Verhalten eines Menschen in einer bestimmten Situation beschrieben wird (z. B. Warten in einer langen Schlange vor der Kasse im Supermarkt). Die Probanden sollen die wahrscheinliche Stimmungslage des Protagonisten beschreiben. In einem Test von Sternberg und Smith (1985) werden die Probanden mit mehreren Fotos konfrontiert, auf denen jeweils eine Frau und ein Mann in unterschiedlichen Situationen zu sehen sind. Der Proband soll angeben, in welchen Fällen zwischen den beiden Personen eine besonders enge Beziehung besteht.

Kognitive Aufgaben zur Messung sozialer Kompetenzen
Wahrnehmung & Interpretation
– Identifikation emotionaler Zustände anhand von Bildern/Filmen, die Gesichter bzw. Personen zeigen – Identifizierung von verbal beschriebenen psychischen Zuständen – Identifizierung der Beziehung zwischen zwei Personen
Gedächtnis/Wissen
– Zuordnen von Namen und Gesichtern/Personen – Wissensfragen zur „Natur" menschlichen Verhaltens – Wissensfragen in Bezug auf soziale Normen – Zuordnen von sozialen Regeln zu passenden Situationen – Wissensfragen in Bezug auf soziale Problemlösestrategien
Schlussfolgerndes Denken
– Ordnen von Bildern zu einer sinnvollen Geschichte – Ergänzen von Bildfolgen – Erklärung für das Zustandekommen emotionaler Zustände – Antizipation der Weiterentwicklung von Bildfolgen/Filmszenen – Verständnis für humoristische Geschichten

Gedächtnis und sozial relevantes Wissen

Andere Testaufgaben untersuchen *Gedächtnisinhalte bzw. das Wissen* des Probanden in Bezug auf soziale Situationen. Ein erfolgreiches Sozialverhalten eines Bankangestellten könnte u. a. davon abhängen, dass er sich die Namen und Gesichter der Kunden gut einprägen kann. Sobald ein Kunde die Bank betritt, könnte der Angestellte ihn direkt mit Namen ansprechen und so zu einer vertrauensvollen Atmosphäre beitragen. Im Rahmen der Personaldiagnostik ließe sich eine entsprechende Fähigkeit leicht testen, indem man dem Probanden eine Reihe von Porträts mit Namen vorlegt und nach einer kurzen Betrachtungszeit die durcheinander gewürfelten Bilder und Namen wieder in eine richtige Ordnung bringen lässt (vgl. Kessel, Ehlen, Halber & Bruckbauer, 1999). Alternative Aufgaben zur Erfassung sozial relevanter Gedächtnisinhalte fragen explizit nach dem Wissen des Kandidaten über die Natur des menschlichen Verhaltens oder seinem Wissen um soziale Verhaltensregeln, die in einer bestimmten (beruflichen) Situation gelten (Kanning 2003b). Wieder andere Aufgaben konfrontieren den Probanden mit sozialen Problemsituationen (z. B. Konflikte zwischen zwei Mitarbeitern) und bitten den Probanden um einen Lösungsvorschlag. Hierzu werden ggf. Alternativen vorgelegt, aus denen die beste auszuwählen ist (Holling, Kanning & Hofer, 2003).

In welcher Stimmung befindet sich die abgebildete Person?

❍ fröhlich	❍ fröhlich	❍ fröhlich
❍ neutral	❍ neutral	❍ neutral
❍ traurig	❍ traurig	❍ traurig
❍ ängstlich	❍ ängstlich	❍ ängstlich
❍ wütend	❍ wütend	❍ wütend

Abbildung 14:
Beispiel für ein Item zur Interpretation von Stimmungen

schluss-folgerndes Denken

Neben Wahrnehmungs- und Wissensfragen kann man schließlich auch Aufgaben einsetzen, die die *Fähigkeiten zum Schlussfolgernden Denken* in Bezug auf soziale Situationen messen. Den Probanden werden beispielsweise mehrere Karten einer Bildgeschichte vorgelegt, die sie so ordnen oder ergänzen sollen, dass sich eine sinnvolle Handlung ergibt (Tewes, Rossmann & Schallberger, 2000; vgl. Abbildung 15). Überdies könnte man Bildkarten vorlegen, die eine Geschichte erzählen, die der Proband erläutern oder in ihrer weiteren Entwicklung beschreiben soll.

Zur Zeit existiert kein in sich abgeschlossenes, reliables und für den personalpsychologischen Aufgabenbereich hinreichend validiertes Instrument zur Messung der kognitiv sozialen Kompetenzen. Deutschsprachige Verfahren beziehen sich eher auf den therapeutischen Kontext (z. B. Kessel et al., 1999) oder haben den Charakter einer abstrakten Intelligenzmessung (vgl. Tewes et al., 2000). Die älteren amerikanischen Instrumente (z. B. Moss et al., 1927; O'Sullivan & Guiford, 1966) haben sich letztlich nicht bewährt. Auf Grund der sehr abstrakten Aufgabenstellung hängt das Testergebnis in starkem Maße von der Intelligenz der Probanden ab, weist aber kaum Zusammenhänge zum Sozialverhalten auf (Schmidt, 1995). Hieraus lässt sich die Forderung nach realitätsnahen Leistungsaufgaben ableiten. Den besten Erfolg versprechen Instrumente, die auf einen bestimmten beruflichen Aufgabenbereich zugeschnitten sind. Die im Kasten „Kognitive Aufgaben zur Messung sozialer Kompetenzen" zusammengetragenen Beispiele sind daher auch als Anregung für die Neukonstruktion arbeitsplatzspezifischer Tests zu verstehen.

Abbildung 15:
Beispielitem zum Bilderordnen (Tewes, Rossmann & Schallberger, 2000)

3.2 Verhaltensbeobachtung

Für unseren Beispielfall der Personalauswahl von Nachwuchsführungskräften wäre der Einsatz kognitiver Leistungstests zur Messung sozialer Kompetenzen ohne eine aufwändige Neukonstruktion nicht möglich. Wie sieht es aber mit der Verhaltensbeobachtung aus? Hier bieten sich vielfältige Möglichkeiten, die vergleichsweise wenig Entwicklungsaufwand erfordern. Das Grundprinzip der Verhaltensbeobachtung ist recht einfach. Das Verhalten eines Probanden wird in einer konkreten Situation, in der er mit anderen Menschen interagiert, beobachtet und bewertet. Dies geschieht etwa im Rahmen von Interviews, Arbeitsproben oder Assessment Centern. Zur Auswahl von Nachwuchsführungskräften würde man mit großer Wahrscheinlichkeit neben der Interviewtechnik ein Assessment Center einsetzen. Im Berufsalltag laufen Verhaltensbeobachtungen meist weniger formalisiert ab.

Beobachtungsmethoden

Die Methode der Verhaltensbeobachtung kann sehr unterschiedlich ausgestaltet werden. In Abbildung 16 haben wir die wichtigsten Dimensionen, hinsichtlich derer sich verschiedene Beobachtungsmethoden voneinander unterscheiden, aufgelistet (ausführlicher: Kanning, 2004).

Beobachtungen können entweder durch die zu bewertende Person selbst oder durch andere Menschen erfolgen *(Selbst- vs. Fremdbeobachtung)*. In der personaldiagnostischen Praxis arbeit man fast ausschließlich mit Fremdbeobachtungen durch Vorgesetzte oder Mitarbeiter der Personalabteilung. Allerdings lassen sich durchaus auch Fragestellungen denken, bei denen ein Vergleich zwischen der Selbstwahrnehmung und der Fremdwahrnehmung von großem Interesse ist. Dies gilt etwa für Verhaltenstrainings, in denen Selbst- und Fremdbild zum Zwecke der kritischen Reflexion des eigenen Verhaltens kontrastiert werden.

Beobachtungen können *teilnehmend oder nicht teilnehmend* sein. Eine teilnehmende Beobachtung liegt vor, wenn der Beobachter selbst in das zu beobachtende Geschehen involviert ist (z. B. Vorgesetzter im Arbeitsalltag), während er in einer nicht teilnehmenden Beobachtung den Prozess als Unbeteiligter betrachtet (z. B. Beobachter im Assessment Center). Bei teilnehmenden Beobachtungen kann sich der Beobachter nicht vollständig auf seine Rolle als Diagnostiker konzentrieren und beeinflusst zudem durch sein eigenes Handeln den Probanden. Geht es um wichtige Personalentscheidungen, wie z. B. die Besetzung eines Arbeitsplatzes, sollte die Wahl daher auf eine nicht teilnehmende Beobachtungsmethode fallen.

Beobachtungen können mehr oder weniger *offen bzw. verdeckt* ablaufen. Bei offenen Beobachtungen weiß der Proband, dass er gerade Gegenstand einer diagnostischen Untersuchung ist (z. B. Interviewsituation). Bei verdeckten Beobachtungen ist dies nicht der Fall. Sie verbietet sich aus ethischen Gründen.

Die Beobachtung kann in einem mehr oder weniger *natürlichen bzw. künstlichen Setting* stattfinden. Eine maximale Natürlichkeit liegt bei Beobachtungen am Arbeitsplatz vor. Interviews oder Assessment Center weisen demgegenüber immer einen höheren Grad an Künstlichkeit auf. Dennoch kann man sich auch in solchen Situationen um eine Simulation realer Begebenheiten bemühen. Je größer die Ähnlichkeit zwischen der Untersuchungssituation und der Berufsrealität ausfällt, desto eher lassen sich die Ergebnisse der Untersuchung auf Alltagssituationen übertragen.

Von großer Bedeutung ist die *Systematik* der Beobachtung. Bei besonders systematischen Beobachtungen wurde im Vorhinein exakt festgelegt, welche Verhaltenselemente im Zentrum des Interesses stehen, wie die Beobachtungen protokolliert werden und nach welchen Kriterien eine Bewertung des Verhaltens erfolgt. Darüber hinaus wurden die Rahmenbedingungen der Beobachtung mit Bedacht gewählt. Den Prototypen eines solch systematischen Vorgehens stellt das Assessment Center dar. Durch die hohe Standardisierung wird sichergestellt, dass mehrere Kandidaten nach den gleichen Prinzipien untersucht werden und somit ein direkter Vergleich der Untersuchungsergebnisse legitim ist. Unsystematische Beobachtungen, wie sie häufig während der Arbeitszeit durch Vorgesetzte vorgenommen werden, weisen im Vergleich hierzu eine gewisse Willkürlichkeit auf. Verschiedene Beobachter selektieren dabei unterschiedliche Details aus der Vielzahl der Informationen und legen verschiedene Wertmaßstäbe an.

Nicht minder bedeutsam ist die Frage, inwiefern die *Beobachter für ihre Aufgabe geschult* wurden. Die menschliche Urteilsbildung unterliegt zahlreichen systematischen Urteilsfehlern, die in der natürlichen Funktion unseres Informationsverarbeitungssystems angelegt sind (Kanning, 1999b). Informationen werden in systematischer Weise selektiv wahrgenommen, im Gedächtnis gespeichert und verzerrt erinnert. Eigene Erwartungen und Emotionen, gesellschaftliche Stereotype und viele andere Faktoren führen zu einer fehlerhaften Urteilsbildung, die durch berufliche Fachkompetenz oder „Lebenserfahrung" nicht ausgeglichen werden kann, zumal sich die Beobachter der meisten Fehler, die sie machen, nicht bewusst sind (Hoffrage, 1993). Eine professionelle Beobachtung setzt somit zwingend eine Schulung der Beobachter voraus (vgl. Höft & Funke, 2001; Kanning, Hofer & Schulze Willbrenning, 2004). Gegenstand der Schulung ist jedoch nicht nur die Frage, wie sich systematische Fehler der Personenbeurteilung vermeiden lassen, sondern auch der Umgang mit den Beobachtungsmaterialien (Protokollbögen, Beurteilungsskalen, Checklisten etc.) sowie die Vermittlung der Bewertungsmaßstäbe.

Die letzte Variable, hinsichtlich derer sich Beobachtungsmethoden unterscheiden lassen, ist die *Anzahl der Beobachter*. Sie schwankt in der Regel zwischen einer und fünf oder sechs Personen (Beobachtungen im Arbeitsalltag durch den Vorgesetzten vs. Assessment Center). Der Einsatz mehrerer Beobachter stellt die Beurteilung auf eine breitere Basis und sichert das Urteil hierdurch besser ab. Wichtig ist dabei allerdings, dass die Beobachter unabhängig voneinander arbeiten und sich bei der Urteilsfindung nicht gegenseitig beeinflussen können. Überdies bietet der Einsatz mehrerer

Beobachter die Möglichkeit, ein komplexes Geschehen umfassender würdigen zu können. So könnten beispielsweise jeweils zwei Beobachter unterschiedliche Facetten des Verhaltens eingehend betrachten, so dass insgesamt weitaus mehr Informationen gesammelt werden, als dies einem einzelnen Beobachter auf Grund seiner begrenzten Informationsverarbeitungskapazität möglich wäre.

Selbstbeobachtung	Fremdbeobachtung
teilnehmend	nicht teilnehmend
offen	verdeckt
natürliches Setting	künstliches Setting
systematisch	unsystematisch
geschulte Beobachter	ungeschulte Beobachter
ein Beobachter	mehrere Beobachter

Abbildung 16:
Dimensionen zur Beschreibung einer Verhaltensbeobachtung

Insgesamt betrachtet wäre somit aus diagnostischer Sicht einer systematischen Beobachtung, an der mehrere geschulte Beobachter offen und nicht teilnehmend das Verhalten eines Probanden in einer möglichst natürlichen Umgebung begutachten, der Vorzug zu geben.

Bewertung des Verhaltens

Die Verhaltenbeobachtung geht immer mit einer Bewertung einher. Man will nicht nur wissen, welches Verhalten ein Bewerber in einem simulierten Mitarbeitergespräch oder einer Diskussionsrunde mit Gleichgestellten zeigt, sondern wird sich auch fragen, wie das beobachtete Verhalten vor dem Hintergrund der beruflichen Anforderungen zu beurteilen ist. Zur Bewertung benötigt man wiederum einen Bewertungsmaßstab, der in den allermeisten Fällen durch sog. *Bewertungsskalen* repräsentiert wird (Marcus & Schuler, 2001). Abbildung 17 stellt unterschiedliche Typen dieser Skalen vor. Generell sollte man solchen Skalen den Vorzug geben, die eine möglichst eindeutige Definition der Punktwerte ermöglichen.

Im Laufe der Zeit haben sich mehrere klassische Beobachtungsübungen herausgebildet, die insbesondere im Assessment Center eingesetzt werden. Hierzu zählen Rollenspiele, Gruppendiskussionen und Vorträge (vgl. Höft & Funke, 2001; Kleinmann, 2003). Die Übungen repräsentierten verschiedene soziale Situationen, die im Anwendungsfall mit spezifischen Inhalten zu füllen sind. So wird man auf Grund der unterschiedlichen Arbeitsauf-

Bewertungsdimension: Teamfähigkeit

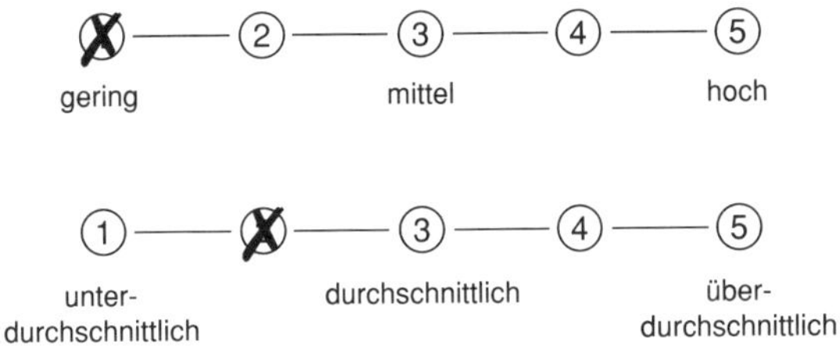

1	2	X	4	5
– hört anderen Teammitgliedern nicht zu – setzt sich ausschließlich für seine eigenen Interessen ein		– hört anderen Teammitgliedern meist zu – unterstützt Teamziele passiv – stellt eigene Interessen in den Hintergrund		– hört anderen Teammitgliedern immer zu – setzt sich aktiv für Teamziele ein – stellt eigene Interessen in den Hintergrund

Abbildung 17:
Beispiele für Bewertungsskalen

gaben das Rollenspiel für eine Nachwuchsführungskraft inhaltlich ganz anders gestalten als das Rollenspiel für einen Außendienstmitarbeiter. Bei der Definition der Übungsinhalte helfen die Ergebnisse von Anforderungsanalysen (vgl. Kanning, 2004; Schuler 2001).

Verhaltensbeobachtungen liefern z. B. Informationen darüber, ob ein Bewerber in einer Gruppendiskussion eigene Ideen zu Gehör bringen kann, im Rollenspiel auf die Bedürfnisse eines Kunden eingeht oder im Vortrag rhetorisches Geschick an den Tag legt. In den meisten Fällen ist man jedoch nicht nur an dem situativen Verhalten eines Bewerbers oder Mitarbeiters interessiert, sondern möchte etwas über die dem sichtbaren Verhalten zu Grunde liegenden sozialen Kompetenzen erfahren. Ohne eine solch tiefergehende Information könnte man keine Aussagen über Potenziale oder die Wahrscheinlichkeit eines bestimmten Verhaltens in völlig neuen Situationen treffen. Der Schluss vom sichtbaren Verhalten auf die verborgenen Kompetenzen erfordert eine mehrfache Beobachtung des Verhaltens in unterschiedlichen Situationen (vgl. Abbildung 18). Nur so lassen sich Einflüsse der Umwelt von denen der individuellen Kompetenzen trennen. Beobachten wir beispielsweise, dass sich ein Bewerber in der Gruppendiskussion kaum zu Wort meldet, könnte man dies als einen Hinweis auf

Durchführung mehrerer Verhaltensbeobachtungen

mangelnde Durchsetzungsstärke oder rhetorische Defizite werten. Führt man zusätzlich ein Rollenspiel, eine Vortragsübung und vielleicht auch eine zweite Gruppendiskussion durch, kann dieser Eindruck abgesichert werden. Verhält sich der Bewerber in diesen sehr unterschiedlichen Übungen nahezu konstant zurückhaltend und wortkarg, so ist sein Verhalten offenbar nicht durch spezifische Übungen bzw. Übungsinhalte zu erklären. Dennoch bleibt natürlich eine gewisse Unsicherheit, da man aus praktischen Gründen immer nur eine sehr begrenzte Anzahl von Übungen durchführen kann. Sofern diese Übungen den Berufsalltag in den erfolgskritischen Situationen adäquat simulieren, ist ein solches Vorgehen ebenso legitim wie sinnvoll.

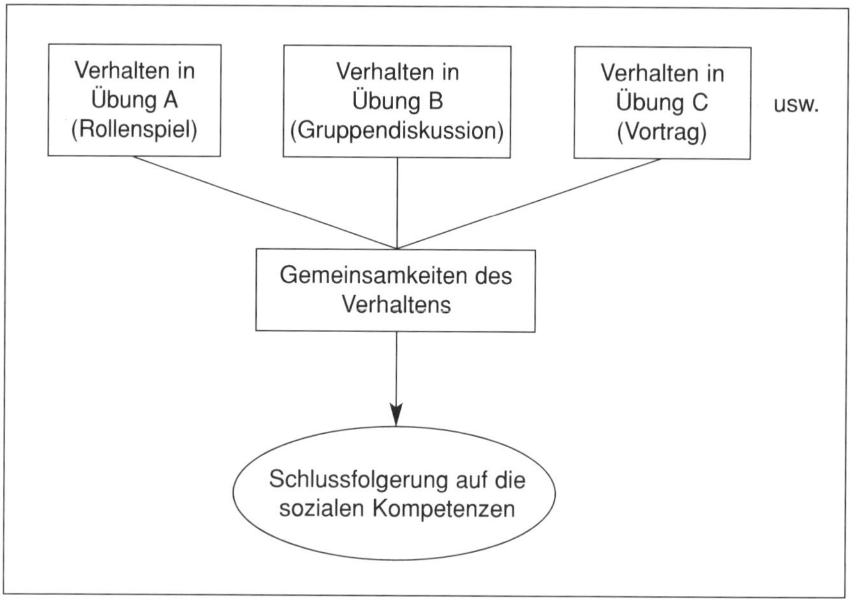

Abbildung 18:
Schlussfolgerung von beobachtetem Verhalten auf Kompetenzen

Alles in allem betrachtet ist die Verhaltensbeobachtung eine aufwändige Methode, die insbesondere dann wertvolle Informationen über einen Kandidaten liefert, wenn grundlegende Prinzipien wie etwa der Einsatz von mehreren unabhängigen geschulten Beobachtern umgesetzt werden. Die Verhaltensbeobachtung versorgt den Diagnostiker mit Informationen, die deutlich über das hinausgehen, was alternative Methoden bieten. Sie ist die einzige Methode bei der man sich ganz unmittelbar mit dem berufsbezogenen Sozialverhalten auseinander setzt. Es wird nicht über Verhalten geredet, berichtet oder spekuliert, nein, das Verhalten selbst wird einer direkten Analyse unterzogen.

3.3 Verhaltensbeschreibung

Der Begriff der Verhaltensbeschreibung mag auf den ersten Blick in die Irre führen. Natürlich geht es bei der Methode der Verhaltensbeschreibung nicht nur um die bloße Schilderung von Handlungen, sondern auch um die Bewertung derselben, vor dem Hintergrund der Anforderungen, die ein bestimmter Arbeitsplatz an den Arbeitsplatzinhaber stellt. Ähnlich wie bei Verhaltenbeobachtungen beziehen sich Verhaltensbeschreibungen nicht unmittelbar auf die sozialen Kompetenzen eines Menschen, sondern auf sein Sozialverhalten. Interessiert man sich für die dem Verhalten zu Grunde liegenden Kompetenzen, so benötigt man entweder viele Beschreibungen, die sich auf das Verhalten in unterschiedlichen Situationen beziehen (vgl. Abbildung 18) oder von vornherein sehr abstrakte Beschreibungen, die situationsübergreifende Orientierungen des Probanden deutlich machen. Den ersten Weg beschreitet man z. B. im Rahmen von Interviews, während der zweite Weg eine Domäne der Fragebogenmethode ist.

mündliche vs. schriftliche Befragungen

Beschreibungen können entweder durch *mündliche oder schriftliche (bzw. computergestützte) Befragungen* erhoben werden. Mündliche Befragungen haben den Vorteil, dass der Proband sehr detaillierte Schilderungen geben und der Interviewer durch Nachfragen flexibel auf seine Antworten reagieren kann. In der Forschung haben sich insbesondere anforderungsbezogene, strukturierte Interviews als erfolgreich erwiesen (Schuler & Marcus, 2001). Bei strukturierten Interviews ist das Vorgehen sehr durchdacht. Vor dem eigentlichen Interview wird auf der Basis einer Anforderungsanalyse ermittelt, welche Informationen von besonderer Relevanz sind. Anschließend konzipiert man einen Interviewleitfaden, in dem zielgerichtet unterschiedliche Fragenformate eingesetzt werden. Die Antworten der Probanden werden protokolliert und mithilfe differenzierter Beurteilungsskalen bewertet. Vergleichbar zur Verhaltensbeobachtung wirkt sich auch beim Interview der Einsatz von mehreren unabhängigen Diagnostikern positiv auf die Qualität der gewonnenen Daten aus. Strukturierte Interviews weisen gegenüber unstrukturierten, bei denen der Interviewer wie in einem alltäglichen Gespräch seinen aktuellen Eingebungen folgt und jedem Gesprächspartner letztlich andere Fragen stellt, eine deutlich höhere Validität auf (Schmidt & Hunter, 1998). Für eine ausführliche Auseinandersetzung mit der Interviewmethode sei auf die umfassende Abhandlung von Schuler (2002b) verwiesen.

Schriftliche Befragungen sind im Vergleich zum Interview mit weniger Personal- und Zeitaufwand verbunden. Auch hier lassen sich verschiedene Fragentypen unterscheiden. Am häufigsten kommen Statements zum Einsatz, bei denen der Proband angeben muss, inwieweit das fragliche Verhalten auf ihn zutrifft (vgl. Abbildung 17). Alternativ hierzu werden gelegentlich auch situative Items eingesetzt (Motowidlo, Dunnette & Carter, 1990). Hierbei wird der Proband mit einer Situationsschilderung konfrontiert und muss aus mehreren Antwortalternativen diejenige auswählen, die sein eigenes Verhalten in der fraglichen Situation am besten repräsentiert (vgl. Abbildung 19). Computergestützte Befragungen ermöglichen darüber hinaus den Einsatz von Videofilmen, die zu einer besonders naturgetreuen Realitätsschilderung beitragen (z. B. Kanning, 2003b; Weekley & Jones, 1997). Allerdings gibt es Hinweise darauf, dass eine besonders plastische Schilderung per Video nicht zwangsläufig zu valideren Ergebnissen führt (Funke & Schuler, 1998; Motowidlo et al. 1990).

Statements

	trifft gar nicht zu				trifft völlig zu
Im Allgemeinen fällt es mir leicht, zu fremden Menschen Kontakt aufzunehmen.	1	2	3	4	5
Wenn es zu Konflikten unter Kollegen kommt, bin meist ich es, der einen Kompromiss herbeiführt.	1	2	3	4	5

Situative Items

Sie sind Vorgesetzter in der Personalabteilung eines Internationalen Konzerns. Durch ein Gerücht kommt Ihnen zu Ohren, dass Ihr Mitarbeiter Herr X des Öfteren Büromaterial mit nach Hause nimmt. Wie verhalten Sie sich?

- ☐ Ich beauftrage einen Kollegen von X, ihn heimlich zu observieren.
- ☐ Da es sich offenkundig nur um Kleinigkeiten handeln, die er entwendet, lasse ich die Sache auf sich beruhen.
- ☐ Ich bitte Herrn X zu einem Gespräch, um den Sachverhalt zu klären.

Abbildung 19:
Beispiele für Fragebogenitems zur Messung sozialer Kompetenzen

standardisierte Fragebögen

Der Markt liefert viele standardisierte Instrumente zur schriftlichen Befragung, die häufig auch computergestützt ablaufen. Sie werden entweder von Fachverlagen publiziert – hierbei handelt es sich in der Regel um Verfahren, die aus einem wissenschaftlichen Umfeld stammen – oder von Unternehmensberatungen entwickelt und vertrieben. Meist ist über Letztere weniger bekannt, da sie sich kaum einer wissenschaftlichen Diskussion stellen, was aber nicht zwangsläufig bedeutet, dass sie von minderer Qualität sind. Angesichts der Tatsache, dass es bislang keine empirisch abgesicherte Zusammenstellung allgemeiner sozialer Kompetenzen gibt, verwundert es auch nicht, wenn die Auswahl der Kompetenzen, die in verschiedenen Verfahren berücksichtigt werden, sehr unterschiedlich ist. Zur Zeit gibt es kein Fragebogeninstrument, das für sich in Anspruch nehmen könnte, die wichtigsten oder gar alle allgemeinen sozialen Kompetenzen zu messen. Tabelle 6 gibt einen Überblick über Instrumente, die in Fachverlagen veröffentlicht wurden und u. a. auch berufsrelevante soziale Kompetenzen messen. Eine umfassendere Darstellung findet sich bei Kanning und Holling (2002).

Tabelle 6:
Fragebogeninstrumente zur Messung sozialer Kompetenzen

Messinstrument	Anzahl aller Skalen	Skalen zur Beschreibung sozialer Kompetenzen
Allgemeiner Interessen-Struktur-Test/Umwelt-Struktur-Test (AIST/UST) Bergmann & Eder (1999)	6	Soziale Interessen
Berufsbilder-Tests (BBT) Achtnich (1992)	8	Weichheit, Soziale Gesinnung
Bochumer Inventar zur Berufsbezogenen Persönlichkeitsbeschreibung (BIP) Hossiep & Paschen (2003)	14	Sensitivität, Kontaktfähigkeit, Soziabilität, Teamorientierung, Durchsetzungsstärke (Führungsmotivation, Emotionale Stabilität)
Management Fallstudien (MFA) Fennekels & D'Souza (1999)	11	Kontrolle, Fordern und Fördern, Partizipation, Delegation, Bedürfnisse anderer erkennen und berücksichtigen, Unterstützung anbieten und Konflikte lösen, Bedürfnisse/Interessen anderer berücksichtigen, Informationen offen austauschen, Unterstützung und Hilfe geben, Konflikte lösen
Freiburger Persönlichkeitsinventar (FPI) Fahrenberg, Hampel & Selg (2001)	12	Soziale Orientierung, Gehemmtheit, Erregbarkeit, Aggressivität, Offenheit, Extraversion, Emotionalität
Multidirektionales Feedback (MDF) Fennekels (1999)	5	Teamorientierung, Zusammenarbeit, Integration und Information. Arbeitsorganisation, soziale Kompetenz
NEO-Fünf-Faktoren-Inventar (NEO-FFI/NEO-PI-R) Borkenau & Ostendorf (1993) Ostendorf & Angleitner (2003)	5	Neurotizismus, Extraversion, soziale Verträglichkeit
pro facts Etzel & Küppers (2000)	16	Kooperatives Führungsverhalten, Kontaktfähigkeit, Einfühlungsvermögen, soziale Flexibilität, Kundenorientierung
Qualitative Führungsstilanalyse (QFA) Fennekels (1995)	5	Planung und Organisation, Entscheidungsverhalten, soziale Kompetenz, Anerkennung und Mitwirkung, Leistung- und Führungsverhalten

Selbst- vs. Fremdbeschreibung

Alle bisher besprochenen Verfahren arbeiten nach dem Prinzip der *Selbstbeschreibung*, d. h. der Bewerber oder Mitarbeiter bildet selbst die Quelle der Information. Soziale Kompetenzen lassen sich aber auch per *Fremdbeschreibung* erheben. Fremdbeschreibungen kommen bei Regelbeurteilungen, in Arbeitszeugnissen und Referenzen sowie im Rahmen der 360°-Beurteilung (Scherm & Sarges, 2002) zum Einsatz. Problematisch sind Fremdbeschreibungen vor allem dann, wenn sie nur von einer Person vorgenommen werden, die noch dazu nur über unzureichendes Wissen über das Sozialverhalten des Probanden verfügt und sich auf Grund mangelnder Schulung nicht bewusst gegen die systematischen Fehler und Fallen der menschlichen Urteilsbildung wappnet.

Der Vorteil der Verhaltensbeschreibungen liegt darin, dass sie in aller Regel weitaus kostengünstiger ist als eine Verhaltensbeobachtung. Die Befragung eines Bewerbers oder Mitarbeiters nach seinem Sozialverhalten in Alltagssituationen ermöglicht überdies eine sehr breit angelegte Informationssammlung. Die meisten relevanten Situationen ließen sich im Rahmen eines Assessment Centers oder einer Arbeitsprobe kaum realitätsgetreu simulieren. Der zentrale Nachteil liegt hingegen in der leichteren Verfälschbarkeit der Ergebnisse. Ein Bewerber kann sehr viel leichter durch das Ankreuzen einer vorteilhaften Antwort im Fragebogen oder eine geschönte Beschreibung seines Sozialverhaltens im Interview einen positiven Eindruck erwecken, als dass er im Assessment Center tatsächlich ein besonders kompetentes Verhalten zeigt. Eine vorteilhafte Selbstdarstellung in einer Verhaltensübung setzt voraus, dass der Kandidat nicht nur weiß, was als sozial kompetent gilt, sondern auch über die notwendigen Fähigkeiten und Fertigkeiten zur praktischen Umsetzung dieses Wissens verfügt.

3.4 Messung komplexer Kompetenzindikatoren

Auch bei der vierten Diagnosemethode bedient man sich der Befragung. Dabei geht es allerdings nicht um die Beschreibung eines Verhaltens, sondern um die Sammlung von Fakten, die Rückschlüsse auf die sozialen Kompetenzen eines Menschen ermöglichen. Man könnte z. B. die Meinung vertreten, dass sich Führungsqualitäten einer potenziellen Nachwuchsführungskraft in bisherigen Führungserfahrungen niederschlagen sollten. Wer über entsprechende Kompetenzen verfügt, sollte auch jenseits der Berufswelt Führungspositionen angestrebt und ausgefüllt haben. Folgerichtig würde man Bewerber danach fragen, ob sie beispielsweise in der Schule die Rolle des Klassensprechers übernommen oder später Jugendgruppen geleitet haben. Als Indikatoren für Teamfähigkeit könnte das Engagement in Kirchen, Vereinen oder studentischen Organisationen gelten. In beiden Fällen würde man die Bewerber also nach Fakten aus ihrer Biografie fragen und hiervon Rückschlüsse auf verborgene Kompetenzen ziehen. Erneut lassen sich nur dann verallgemeinernde Aussagen treffen, wenn mehr als ein Indikator vorliegt (vgl. Abbildung 18). Die fraglichen Informationen kann man z. T. aus den Bewerbungsunterlagen bzw. dem Lebenslauf entnehmen. Allerdings ist diese Datenbasis nicht ganz unproblematisch, da nicht sichergestellt ist, dass wirklich jeder Bewerber, der über interessante Ereignisse in seiner Biografie verfügt, hierüber auch berichtet. Daher ist es sinnvoller, entsprechende Informationen bei allen Bewerbern, die in die nähere Auswahl kommen, gezielt einzuholen. Die Methode der Wahl ist der *biografische Fragebogen*, allerdings könnte man die interessierenden Daten auch während eines Interviews erheben. Biografische Fragebögen existieren nicht als standardisierte Instrumente im Handel, sondern werden immer für einen spezifischen Anwendungskontext neu entwickelt (Schuler & Marcus, 2001).

Biografischer Fragebogen

Steht nicht die Personalauswahl, sondern die Personalentwicklung im Vordergrund, so lassen sich auch *soziometrische Verfahren* zur indirekten Messung sozialer Kompetenzen einsetzen. Bei soziometrischen Verfahren fragt man im weitesten Sinne danach, wie stark einzelne Mitarbeiter in eine Arbeitsgruppe integriert sind. Einzelne Kompetenzen treten dabei allerdings völlig in den Hintergrund. Eine gute Integration gilt vielmehr als ein allgemeiner Indikator für das Vorhandensein sozialer Kompetenzen insgesamt. Im personaldiagnostischen Kontext bietet beispielsweise das Verfahren „Szenische Medien" (Geißler, 1995) die Möglichkeit zur soziometrischen Analyse. Ziel des Verfahrens ist allerdings nicht die Einzelfalldiagnostik. In Seminaren mit Arbeitsgruppen werden die Mitarbeiter aufgefordert, die Kommunikationsstrukturen, persönliche oder berufliche Beziehungen der Gruppenmitglieder untereinander durch die Gruppierung von Holzpüppchen nachzustellen. Anschließend nutzt man die gewonnenen Informationen, um aufgedeckte Probleme in der Teamarbeit gemeinsam zu lösen.

soziometrische Verfahren

Die Möglichkeiten zur indirekten Messung sozialer Kompetenzen über Indikatoren sind alles in allem betrachtet sehr eingeschränkt. Zu einer vertretbaren Diagnose konkret benennbarer Kompetenzen taugen sie weniger gut als die zuvor diskutierten Verfahren. Sie liefern eher einen undifferenzierten Eindruck von den Kompetenzen eines Menschen. Dennoch können insbesondere biografische Fragebögen durchaus valide Ergebnisse zur Prognose beruflicher Leistung liefern (siehe Schuler & Marcus, 2001).

3.5 Fazit

Die Forschung stellt eine große Anzahl höchst unterschiedlicher Methoden zur Verfügung, mit deren Hilfe sich soziale Kompetenzen diagnostizieren lassen. Jede Methode hat ihre Vor- und Nachteile, so dass nicht für alle denkbaren Fragestellungen ein und dasselbe Vorgehen empfohlen werden kann. Im konkreten Anwendungsfall empfiehlt sich die *Kombination ver-*

verschiedene Instrumente miteinander kombinieren

schiedener Instrumente, so dass sich die Nachteile der einzelnen Verfahren zumindest teilweise wechselseitig kompensieren. In der Tat führt eine Kombination mehrerer Verfahren meist zu einer Validitätssteigerung (Schuler, 2000). Ein solchermaßen multimethodaler Ansatz ermöglicht überdies die Einnahme unterschiedlicher Perspektiven und gewährleistet somit einen differenzierteren Blick auf das Individuum.

Anforderungsbezug der Messung sicherstellen

Der Schlüssel zu einer effizienten Messung sozialer Kompetenzen liegt in der *anforderungsbezogenen Auswahl bzw. Konstruktion* der Messinstrumente. Die eingesetzten Verfahren sollten der Tatsache Rechnung tragen, dass „sozial kompetentes Verhalten" je nach Unternehmen und Arbeitspatz graduell etwas anderes bedeutet. Ein allgemeiner Fragebogen zur Erfassung sozialer Kompetenzen hilft daher nur bedingt weiter und kann allenfalls als Screeninginstrument, beispielsweise zur groben Vorauswahl von Bewerbern, taugen. Statistische Bevölkerungsnormen spielen dabei eine untergeordnete Rolle. Letztlich will ein Unternehmen nicht wissen, ob ein Bewerber im Vergleich zur deutschen Gesamtbevölkerung durchschnittlich oder überdurchschnittlich teamfähig ist. Viel entscheidender ist, inwiefern seine individuelle Teamfähigkeit für die Bewältigung der vor ihm liegenden beruflichen Aufgaben ausreichend ist. Die Basis für eine solch arbeitsplatzbezogene Diagnostik liegt in der Anforderungsanalyse. Wer nicht genau weiß, welche Kompetenzen ein bestimmter Arbeitsplatz an den Mitarbeiter stellt, kann auch keine zielgerichteten Entscheidungen treffen. Kommen standardisierte Instrumente zum Einsatz, so muss entschieden werden, ob die verfügbaren Verfahren inhaltlich passen und ob die teststatistischen Gütekriterien erfüllt sind. Für große Unternehmen empfiehlt sich ggf. die Neukonstruktion eines standardisierten Fragebogen- oder Testinstruments. Bei Interviews, Arbeitsproben oder Assessment Centern versteht es sich von allein, dass sie auf den jeweiligen Anwendungsfall zugeschnitten sind.

4 Vorgehen: Training sozialer Kompetenzen

Möchte man im eigenen Unternehmen ein sozial kompetentes Verhalten der Organisationsmitglieder gegenüber Vorgesetzten, Kollegen, Mitarbeitern oder Kunden sicherstellen, so kommt der *Personalentwicklung* eine zentrale Bedeutung zu. Die Personalentwicklung hat allgemein die Aufgabe, die Mitarbeiter in ihrem Wissen, ihren Fähigkeiten und Fertigkeiten beständig so zu schulen, dass sie den sich ggf. wandelnden Anforderungen des Arbeitsplatzes stets gewachsen sind.

Der Ausgangspunkt derartiger Bemühungen kann von sehr unterschiedlicher Natur sein. Oftmals finden sich auf dem Arbeitsmarkt keine hinreichend qualifizierten Bewerber. Um die offenen Stellen überhaupt besetzen zu können, muss man daher zunächst minder qualifizierte Personen einstellen, die anschließend im eigenen Unternehmen durch Schulungsmaßnahmen weitergebildet werden. Ein zweiter Grund liegt in der Veränderung der Anforderungen eines Arbeitsplatzes. Steigt beispielsweise ein Einzelhandelskaufmann zum Filialleiter auf, so verändern sich die Anforderungen für ihn schlagartig. Aber selbst dann, wenn die Position innerhalb des Unternehmens beibehalten wird, verändern sich nicht selten im Laufe der Jahre die Anforderungen gewissermaßen von allein. Man denke hier nur einmal an das gestiegene Anspruchsverhalten von Kunden gegenüber Dienstleistungsunternehmen. Gerade im Bereich des Öffentlichen Dienstes entsteht hierdurch ein sehr großer Weiterbildungsbedarf. Ein dritter Grund für den Einsatz von Instrumenten der Personalentwicklung ergibt sich, wenn die Mitarbeiter an sich zwar hinreichend qualifiziert sind, ihre Kompetenzen aber nicht tatsächlich zum Einsatz bringen. So mag sich beispielsweise in einem Krankenhaus oder einem Kaufhaus mit der Zeit ein unfreundlicher Umgang mit den Kunden eingeschlichen haben. In diesem Fall ist eine Schulung des Personals notwendig.

Prozess der Personalentwicklung

Noch vielfältiger als die Gründe für Personalentwicklungsmaßnahmen sind die Methoden, mit deren Hilfe das Personal qualifiziert werden kann (vgl. Holling & Liepmann, 2003; Sonntag, 1999). Unabhängig von der eingesetzten Methode ist jedoch immer ein und derselbe übergeordnete Prozess zu durchlaufen (vgl. Abbildung 20).

Bedarfsanalyse

Am Anfang steht zunächst eine *Bedarfsanalyse*. Mithilfe der Bedarfsanalyse wird festgestellt, inwieweit überhaupt eine Schulung vonnöten ist, welche Mitarbeiter betroffen sind und welche Inhalte vermittelt werden sollen. Bei der Feststellung des Entwicklungsbedarfs bedient man sich unterschiedlicher Quellen und Methoden. Hierzu zählen wirtschaftliche Kenngrößen (Produktivität, Ausschussrate, Absentismus etc.), die erste Hinweise auf Missstände geben. Kundenbeschwerden, Mitarbeiter- und Kundebefragungen liefern weitere Informationen. Setzt man mit der Analyse direkt bei den betroffenen Mitarbeitern an, so stehen zudem alle personaldiagnostischen Methoden zur Verfügung, die wir in Kapitel 3 besprochen haben.

Auswahl und Gestaltung einer PE-Maßnahme

Ist bekannt, in welche Richtung die Personalentwicklung laufen soll, geht es in einem zweiten Schritt um die *Auswahl und inhaltliche Gestaltung* der Personalentwicklungsmaßnahme. Zu den prominentesten Maßnahmen gehören Schulungen, in denen Wissen vermittelt wird, Verhaltenstrainings (Rollenspiele, Verhaltensmodellierung etc.), Trainingsmaßnahmen, die breit angelegt die Persönlichkeit der Teilnehmer thematisieren (z. B. Outdoortrainings) sowie Beratungsansätze (z. B. Coaching), die sich intensiv mit der Situation eines individuellen Mitarbeiters beschäftigen (Überblick: Holling & Liepmann, 2003; Sonntag, 2002).

Durchführung

Die *Durchführung der Maßnahme* ist eng verbunden mit ihrem Inhalt. Während Beratungsansätze, wie etwa das Coaching, oftmals über einen sehr langen Zeitraum in mehreren Einzelsitzungen stattfinden (Rauen, 2002), bevorzugt man bei den übrigen Maßnamen Gruppensitzungen, die ein bis zwei Tage dauern.

Evaluation In jedem Fall sollte sich an die Durchführung der Maßnahme eine *Evaluation* anschließen. Nur so kann ermittelt werden, ob die Investition sinnvoll war, welche Elemente der Maßnahme besonders effektiv oder vielleicht auch überflüssig waren und welche Defizite weiterhin bestehen. Dem sehr weit verbreiteten Evaluationsmodell von Kirkpatrick (1960) folgend müsste man bei einer umfassenden Evaluation vier Fragen empirisch beantworten:

1) Wie schätzen die Trainingsteilnehmer die Maßnahme subjektiv ein?
2) Lassen sich unmittelbar nach dem Training objektive Lerneffekte belegen?
3) Werden die gelernten Inhalte in den Berufsalltag transferiert?
4) Führt der Transfer dieser Inhalte zu einem größeren (wirtschaftlichen) Erfolg?

Im Zuge der Evaluation schließt sich der Kreis der Personalentwicklung, denn ihre Ergebnisse bilden die Grundlage der Bedarfsanalyse für einen sich ggf. anschließenden zweiten Zyklus der Personalentwicklung (vgl. Abbildung 20).

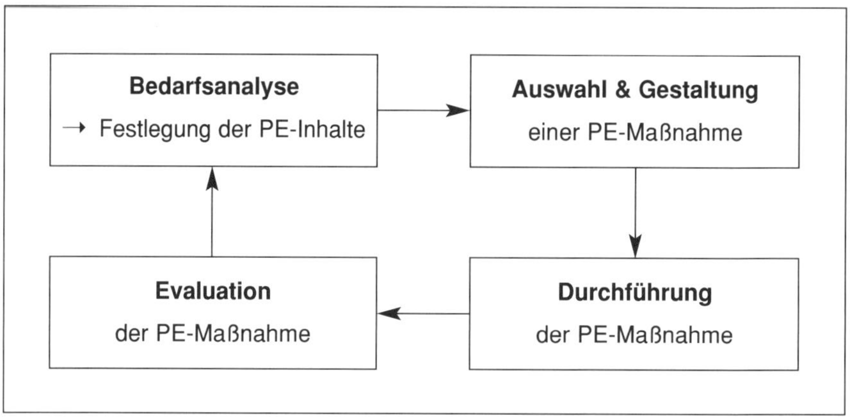

Abbildung 20:
Prozess der Personalentwicklung

4.1 Inhalte

Personalentwicklungsmaßnahmen zur Verbesserung des sozial kompetenten Verhaltens sind sehr weit verbreitet (Sonntag & Schaper, 1999, 2001) und können an verschiedenen Punkten ansetzen, die wir bereits als Ursachen für suboptimales Verhalten identifiziert haben (vgl. Abbildung 21).

Oft sind die Ursachen für unbefriedigendes Sozialverhalten auf Defizite im *Wissen* der Akteure zurückzuführen. Das sozial relevante Wissen bezieht sich dabei auf Werte, Rollendefinitionen und Verhaltensnormen. Verdeutlichen wir uns dies am Beispiel eines Dienstleistungsunternehmens aus der Finanzbranche. Ein Kundenberater kann sich nur dann sozial kompetent verhalten, wenn er die Werte des Unternehmens internalisiert hat. So mag es in einem bestimmten Kreditinstitut z. B. besonders wichtig sein, dass man auch Studenten, Rentner und Kleinanleger betont freundlich und zuvorkommend bedient. In diesem Unternehmen ist ohne Ansehen der wirtschaftlichen Kraft eines Kunden ein sensibleres Verhalten gewünscht als bei einem konkurrierenden Finanzdienstleister, der sich ausschließlich für Geschäftskunden interessiert und die Kleinkunden am liebsten abstoßen würde. In beiden Unternehmen kann die Rollendefinition des Kundenberaters durchaus unterschiedlich ausfallen. Das Unternehmen muss für sich klären, ob der Kundenberater im wahrsten Sinne des Wortes den Kunden zu dessen Vorteil berät oder in erster Linie als Verkäufer auftritt und somit vor allem die Interessen der Bank vertritt. Letzteres mag kurzfristig zu besseren Umsätzen führen, dürfte aber nur für sehr informierte Kunden, die sich selbst unabhängig vom Berater eine Meinung bilden können, von Vorteil sein. Vor dem Hintergrund von Werten und Rollendefinitionen werden in jeder Bank viele Verhaltensnormen existieren, die den Umgang mit dem Kunden im Einzelnen regeln. Auch hierin unterscheiden sich die Anbieter der gleichen Branche. Werden z. B. Anlagegespräche unter 5.000 Euro bereits in einem gesonderten Raum oder noch am Schalter geführt? Lässt sich der Berater während eines Gespräches mit dem Kunden vom Telefon stören oder wird das Telefon zuvor ausgeschaltet? Antwortet man am Schalter auf solche Fragen, die sich der Kunde eigentlich selbstständig durch das Lesen einer Informationsbroschüre beantworten könnte? Achtet man immer auch auf eine explizit freundliche Begrüßung und Verabschiedung der Kunden? Wie geht man mit schwierigen, ggf. aufbrausenden Kunden um? All dies sind Beispiele für Situationen, die in einem Unternehmen durch unterschiedliche Verhaltensnormen für alle Mitarbeiter verbindlich geregelt werden können. Eine Vermittlung des sozial relevanten Wissens (Werte, Rollen und Normen) lässt sich im Rahmen von Trainings recht leicht bewerkstelligen. Sie können z. B. durch den Trainer in Form einer Präsentation vermittelt oder in einem Workshop gemeinsam mit den Mitarbeitern erarbeitet werden. Notwendig sind derartige Schulungen vor allem für neue Mitarbeiter nach Fusionen, die mit Veränderungen der Unternehmenswerte einhergehen oder wenn die Alltagsroutine die Mitarbeiter allzu nachlässig werden lässt.

Entwicklung des sozial relevanten Wissens

Sozial kompetentes Verhalten setzt eine differenzierte *Wahrnehmung* sowie ein gewisses Maß an *Reflexion* voraus. Beides bezieht sich sowohl auf das eigene Verhalten, das Verhalten des Gegenübers als auch auf die wechselseitige Beeinflussung der beiden Parteien im Verlauf der Interaktion. So

Entwicklung der Wahrnehmung und der Reflexion

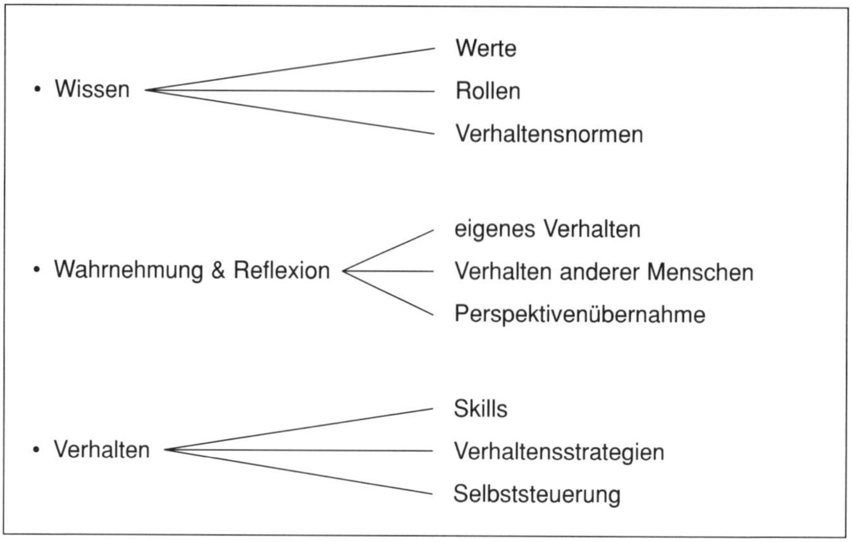

Abbildung 21:
Ansatzpunkte zur Verbesserung sozial kompetenten Verhaltens

muss der Kundenberater in unserem Beispiel erkennen, wann ein Kunde offen ist für eine weitergehende Beratung oder ein solches Gespräch eher als Belästigung empfinden würde. Er sollte erkennen können, welches Sprachniveau angemessen ist, so dass er den Kunden einerseits nicht überfordert, ihm aber andererseits nicht das Gefühl gibt, nicht ernst genommen zu werden. Doch nicht nur in der Form, sondern auch im Inhalt muss er sich auf den Kunden einstellen. In beiden Fällen ist die Fähigkeit zur Perspektivenübernahme gefragt. Keiner Seite ist damit gedient, wenn der Berater dem Kunden lukrative Anlageoptionen unterbreitet, der Kunde aber z. B. nicht die hierzu notwendige Risikobereitschaft mitbringt. Der Berater muss stets sein eigenes Verhalten sowie die Reaktionen des Kunden im Blick haben. Hierdurch können Missverständnisse schon früh erkannt und Konfliktsituationen bereits im Keim erstickt werden. Fähigkeiten und Fertigkeiten auf den Gebieten der Wahrnehmung und Reflexion setzen mehr als nur eine kognitive Auseinandersetzung mit der Materie voraus. Ein bloßer Vortrag über entsprechende Kompetenzen, der im Rahmen einer PE-Maßnahme gehalten wird, dürfte kaum Effekte in der täglichen Arbeit nach sich ziehen. Die Kompetenzen müssen vielmehr im Training regelrecht eingeübt werden.

Entwicklung des Verhaltens

Der dritte Inhaltsbereich bezieht sich auf das sichtbare *Verhalten* des Handelnden. Dabei geht es meist um Skills, also sehr konkrete Verhaltensäußerungen. Im Falle des Kreditinstituts dürfte es z. B. für Auszubildende besonders wichtig sein, bestimmte Höflichkeitsrituale im Umgang mit dem

Kunden einzuüben. Hierzu gehört die freundliche Begrüßung mit Augenkontakt, Lächeln und ggf. der Handschlag ebenso wie das Anbieten eines Sitzplatzes, eine zugewandte Körperhaltung im Beratungsgespräch oder bestimmte Verabschiedungsformeln. Die Skills sind oftmals eingebettet in eine komplexere Verhaltensstrategie. So könnte der Mitarbeiter z. B. mehrere Strategien lernen, mit denen man einem erregten Kunden begegnet. Derartige Strategien müssten zielgerichtet – etwa in Abhängigkeit vom Erregungsniveau des Kunden und dem sachlichen Inhalt seiner Beschwerde – ausgewählt und umgesetzt werden, wobei jede Strategie auf mehrere Skills zurückgreift. In jedem Falle wird es ratsam sein, den Kunden zunächst einmal ausreden zu lassen. Durch Augenkontakt und Zunicken sollte der Kundenberater Aufmerksamkeit dokumentieren. In Abhängigkeit vom Inhalt der Beschwerde wären dann unterschiedliche Wege zu beschreiten. Während es im Falle A vielleicht ratsam ist, sich sogleich beim Kunden zu entschuldigen, wird man im Falle B vorsichtig auf die vom Kunden selbst verschuldeten Fehler hinweisen und im Falle C dem Kunden einen Sitzplatz anbieten bevor man den Filialleiter hinzuzieht. Im Zuge der PE-Maßnahme muss der Mitarbeiter mithin lernen, in welcher Situation welche Verhaltensstrategie zielführend ist und wie man sie konkret in die Tat umsetzt. Gerade am Beispiel des Umgangs mit einem aufgebrachten Kunden wird deutlich, wie wichtig dabei die Selbststeuerung des Mitarbeiters ist. Im Gegensatz zu vielen Alltagssituationen muss der Kundenberater sein Verhalten bewusst planen, die Umsetzung der Strategie kontrollieren und den gesamten Prozess reflektiert begleiten, damit er, falls sich die Situation grundlegend ändert, eine bestimmte Strategie nicht erfolgreich ist oder einzelne Skills nicht adäquat in Handlung umgesetzt werden konnten, sofort gegensteuern kann. Er muss sein eigenes Verhalten also gewissermaßen „im Griff" haben, Ablenkungen unterbinden und darf sich nicht zu sehr von seiner aktuellen Stimmungslage oder Provokationen seines Gegenübers vom rechten Pfad abbringen lassen. Steht der Verhaltensaspekt sozialer Kompetenzen im Vordergrund der PE-Maßnahme, so ist ein Training, in dem die Lerninhalte praktisch abgewendet und durch Wiederholung automatisiert werden können, ohne Zweifel die Methode der Wahl.

übliche Trainingsinhalte

PE-Maßnamen vermitteln meist mehrere der soeben skizzierten Inhalte. Angereichert mit Informationen aus Theorie und Forschung werden die Inhalte unter einem übergeordneten Thema, wie z. B. „Führung" oder „Konfliktmanagement", integriert. In Anbetracht der Tatsache, dass der Begriff der sozialen Kompetenz sehr weit gefasst ist und sozial kompetentes Verhalten in sehr vielen beruflichen Kontexten von Bedeutung ist (vgl. Kapitel 1), überrascht es nicht, wenn die Bandbreite entsprechender Trainings zur Verbesserung sozialer Kompetenzen ebenfalls sehr groß ist (vgl. Obermann & Schiel, 1997; Voß, 1996). Letztlich ist jedes Training, das sich mit dem Verhalten gegenüber Mitarbeitern, Kollegen oder Kunden beschäftigt, ein Training zur Verbesserung sozialer Kompetenzen, auch wenn der Begriff „Soziale Kompetenz" nicht explizit genannt wird. Gleichwohl beschäftigt sich natürlich nicht jede PE-Maßnahme zwangsläufig mit dem Thema „Soziale Kompetenz". Man denke nur einmal an Trainings zur Vermittlung von technischem Fachwissen, EDV-Kenntnissen, Fremdsprachen oder zur Bedienung neuer Maschinen. In dem nachfolgenden Kasten sind besonders häufig anzutreffende Trainings, die sich um die Verbesserung des Sozialverhaltens der Mitarbeiter bemühen, aufgelistet.

Inhaltliche Differenzierung gängiger Trainings zur sozialen Kompetenz
Rhetoriktrainings
Präsentationstechniken, verbale & nonverbale Kommunikation etc.
Interviewertrainings
zielgerichtete Kommunikation, Fragenstellen, Zuhören etc.
Verkaufstrainings
zielgruppenbezogene Argumentationsstrategien, Rhetorik, Perspektivenübernahme etc.
Telefoniertrainings
Informationen einholen oder geben, Verkaufsgespräche, Beratungsgespräche etc.
Führungskräftetraining
Psychologie der Mitarbeiterführung, Mitarbeitergespräche etc.
Konfliktmanagement- bzw. Verhandlungstrainings
Psychologie des Konflikts, Mediationstechniken, Zuhören etc.
Teamentwicklungstrainings
Psychologie der Gruppe, Selbstreflexion etc.
Interkulturelle Kompetenztrainings
Normen und Werte fremder Kulturen, Einübung von Ritualhandlungen etc.

Bedeutung der Kommunikation

Soziale Kompetenz hat immer auch etwas mit *Kommunikation* zu tun. Insofern überrascht es nicht, wenn die meisten Trainings verschiedene Aspekte der Kommunikation thematisieren. Dabei beziehen sie sich auf unterschiedliche soziale Situationen (z. B. Verkaufs- vs. Mitarbeitergespräch), so dass letztlich auch unterschiedliche Inhalte und Verhaltensstrategien vermittelt werden.

• *Rhetoriktraining*

Rhetoriktrainings

Eine erste Form derartiger PE-Maßnamen stellen *Trainings der Rhetorik* dar. Sie beziehen sich primär auf solche Situationen, in denen der Handelnde etwas vor einer Gruppe von Menschen präsentieren muss. Neben dem Einsatz von Sprache (Sprachniveau, Redegeschwindigkeit, Pausen etc.) spielen nonverbale Kommunikationselemente (Mimik, Gestik, Bewegung im Raum) sowie der Einsatz von Medien (Flipchart, Metaplan u. Ä.) eine wichtige Rolle. Das Training soll die Teilnehmer zum einen in die Lage versetzen, einen für die Zuhörer ansprechenden Vortrag zu halten. Zum anderen geht es darum, beim Gegenüber einen bestimmten Eindruck zu erwecken, der letztlich zielführend ist. Letzteres ist beispielsweise der Fall, wenn ein Mitarbeiter gegenüber dem Vorstand ein Projekt darstellt und die Entscheidungsträger von der besonderen Qualität der Arbeit überzeugen möchte.

• *Interviewtraining*

Interviewertrainings

Eine völlig andere Zielrichtung haben *Interviewertrainings*. Zwar steht auch hier die Sprache im Vordergrund des Geschehens, die Weitergabe der Information tritt jedoch gegenüber der Informationssammlung in den Hintergrund. Der Interviewer soll sich nicht selbst präsentieren, sondern vielmehr zielgerichtet bestimmte Informationen von seinem Gesprächspartner erfahren. Daher kommt dem aufmerksamen Zuhören und Nachfragen eine herausgehobene Bedeutung zu. Interviews werden beispielsweise in der Eignungsdiagnostik eingesetzt. Letztlich hat allerdings jedes Kundengespräch zumindest ansatzweise einen Interviewcharakter, sofern nicht nur Informationen gegeben, sondern eben auch eingeholt werden sollen.

• *Verkaufstraining*

Verkaufstrainings

Bei *Verkaufstrainings* steht hingegen der informationsvermittelnde Aspekt der Kommunikation im Vordergrund. Ziel der Bemühungen ist es, den Rezipienten gezielt mit den Informationen zu versorgen, die ihn zu einer positiven Kaufentscheidung bewegen. Im Training werden den Teilnehmern unterschiedliche Argumentationsstrategien vermittelt, mit denen sie auf verschiedene Kundengruppen adressatenspezifisch eingehen können bzw. sich in sein Gegenüber hineinversetzen können. Der Verkäufer muss also nicht nur rhetorische Fertigkeiten erwerben, sondern auch seine Wahrnehmungs- und Perspektivenübernahmefähigkeiten trainieren. Ein klassisches Verkaufstraining beschränkt sich allerdings nicht nur auf die sozialen Kompetenzen. Die Teilnehmer müssen natürlich auch über die zu verkaufenden Produkte, ihre Vorteile, Handhabung etc. aufgeklärt werden.

• *Telefoniertraining*

Telefoniertrainings

Telefoniertrainings können sehr unterschiedlichen Zwecken dienen, je nachdem, mit welchem Ziel das Medium Telefon als Kommunikationsinstrument eingesetzt wird. Per Telefon kann man erste Informationen über Bewerber einholen, Verkaufsgespräche führen, Reklamationen entgegennehmen und Kundenfragen beantworten, Beratungsgespräche abwickeln u. v. m. Die Besonderheit des Mediums macht eine spezifische Schulung des Kommunikationsverhaltens notwendig. Im Telefongespräch können Informationen ausschließlich durch Sprache und Zuhören ausgetauscht werden. Mimik, Gestik, Einsatz von Bildern und anderen visuellen Hilfsmitteln scheiden als Kommunikationsträger aus. Insofern ist die Kommunikation per Telefon sehr eingeschränkt.

• *Führungskräftetraining*

Führungskräftetrainings

Hinter der Bezeichnung *Führungskräftetraining* verbergen sich unterschiedlichste Inhalte, die sowohl auf Managementaufgaben (organisieren, Entscheidungen treffen etc.) als auch auf die Beziehung zwischen Führungskraft und Mitarbeiter abheben. Letztere können wir dem Themenkomplex der sozialen Kompetenz zurechnen. Die Inhalte derartiger Trainings reichen von eher abstrakten Prinzipien der Mitarbeiterführung (Partizipation, Mitarbeitermotivierung, Leistungsbeurteilung, Zielvereinbarung etc.) bis hin zu einzelnen Skills, die beispielsweise in regelmäßig auftretenden Gesprächen eingesetzt werden können (z. B. aktives Zuhören, Feedback geben). Die Trainingsteilnehmer lernen Theorien und Forschungsbefunde über die Psychologie des Führungsverhaltens kennen (z. B. von Rosenstiel, 2001) und trainieren spezifische Verhaltensweisen. Der Begriff des Führungskräftetrainings erfüllt somit die Funktion einer übergeordneten Kategorie. Die Gemeinsamkeit der Maßnamen besteht letztlich nur darin, dass es sich bei den Teilnehmern um Organisationsmitglieder mit Führungsaufgaben oder um potenziell zukünftige Führungskräfte handelt.

• *Konfliktmanagement- und Verhandlungstraining*

Konflikttrainings

Trainings zum *Konfliktmanagement* können auf zwei verschiedenen Ebenen angesiedelt sein. Entweder richten sie sich an Personen, die später im Unternehmen als Mediatoren zur Schlichtung von Konflikten eingesetzt werden oder aber die (potenziellen) Konfliktparteien – in der Regel Kollegen einer oder unterschiedlicher Abteilungen des Unternehmens – werden direkt trainiert. In beiden Fällen geht es im Prinzip darum, die sachliche Auseinandersetzung zwischen den Konfliktparteien zu fördern (vgl. Berkel, 1992). Ein besonderer Fall liegt bei *Verhandlungstrainings* vor. Auch hierbei geht es letztlich um Konflikte, da die Interessen der beteiligten Parteien zumindest teilweise zueinander im Widerspruch stehen. Die Kunst

Verhandlungstrainings

des erfolgreichen Verhandelns liegt in einem fruchtbaren Interessenausgleich, wobei die Entstehung eines offenen Konfliktes – bei dem sich die Parteien den Boden des rationalen Argumentierens und Handelns verlassen – von vornherein vermieden wird. An die Stelle von Eskalationsstrategien, Vorurteilen, gegenseitiger Abwertung, Unterstellungen, Ignoranz u. Ä. soll bei jedem Konflikttraining zum einen der Austausch von sachlichen Argumenten, zum anderen ein aktives Bemühen um Interessenausgleich treten. Ziel ist eine sog. „Win-Win-Situation", also eine Konfliktlösung, aus der möglichst alle Beteiligen als „Sieger" hervorgehen können. Zumindest sollten sie aber ihre Interessen soweit verwirklicht haben, dass beide Seiten mit dem Ergebnis leben können und somit nicht schon in der Konfliktlösung die Keimzelle für einen neuen Konflikt reift. Ganz offensichtlich stehen auch in Trainings zum Konfliktmanagement wieder einmal kommunikative Fähigkeiten im Zentrum. Überdies vermittelt man den Trainingsteilnehmern grundlegendes Wissen über die psychologische Natur sozialer Konflikte.

- *Teamentwicklungstraining*

Team-entwicklungs-trainings

Trainings zur *Teamentwicklung* können präventiv aber auch als Reaktion auf Missstimmung und Konflikte eingesetzt werden. Ziel der Maßnahme ist es, die Kommunikation zwischen Kollegen einer gemeinsamen Arbeitsgruppe positiv zu beeinflussen, den Zusammenhalt der Gruppe zu festigen und die Basis für eine möglichst offene Kommunikation im Arbeitsalltag zu legen. Handelt es sich um ein Team, das neu zusammengestellt wird, gibt das Training Gelegenheit, einander in einem „geschützten" Rahmen, jenseits der Hektik der beruflichen Realität näher kennen zu lernen und eigenes Verhalten zu reflektieren. Dabei kann grundsätzliches Wissen über psychologische Gruppenprozesse vermittelt werden. Nicht selten steht die Vermittlung von Wissen und Fertigkeiten allerdings weitaus weniger im Zentrum des Geschehens als ein durch verschiedene Interaktionsspiele geförderter Prozess der freien Auseinandersetzung der Teammitglieder. Mithilfe von Gruppenübungen wird den Teilnehmern überdies mehr oder minder subtil vor Augen geführt, dass jeder einzelne sein Arbeitsziel nur dann erreichen kann, wenn alle an einem Strang ziehen. Ähnlich gelagert sind Trainings, in denen zwei Arbeitsgruppen zusammengefasst werden. In diesem Fall geht es darum, die Kooperation zwischen den Gruppen zu fördern.

- *Interkulturelle Kompetenztrainings*

interkulturelle Kompetenz-Trainings

Vor dem Hintergrund einer zunehmend global vernetzten (Wirtschafs-)Welt gewinnen *Trainings zur Vermittlung interkultureller Kompetenzen* mehr und mehr an Bedeutung (vgl. Clement & Clement, 2000). Interkulturelle Trainings sind insbesondere dann wichtig, wenn der Mitarbeiterstab aus Vertretern sehr unterschiedlicher Kulturen zusammengesetzt ist, eine Fusion mit einem ausländischen Unternehmen ansteht, Mitarbeiter ins Ausland versetzt werden oder verstärkt mit Kunden und Geschäftspartnern aus fremden Kulturen kooperieren müssen. Die Trainings vermitteln vor allem Wissen über die mehr oder minder unbekannte Kultur, ihre gängigen Verhaltensnormen und Werte. Den Teilnehmern wird dabei bewusst, dass das eigene Verhalten immer nur vor dem Hintergrund kulturell geprägter Bezugssysteme als „normal" gelten kann und das erfolgreiche Interagieren auf einem meist unbewussten Einverständnis über diese Normalität beruht. Die Sensibilisierung der Trainingsteilnehmer für die Relativität und kulturelle Gebundenheit des richtigen Sozialverhaltens, bildet die wichtigste Grundlage für praktische Kommunikationsübungen, in denen die Auseinandersetzung mit Vertretern anderer Kulturen eingeübt wird. Hierzu zählen z. B. Begrüßungs- und Höflichkeitsrituale sowie das frühzeitige Erkennen bzw. Vermeiden von Missverständnissen.

4.2 Methoden

Zur Veränderung des Sozialverhaltens stehen im Prinzip alle Methoden zur Verfügung, die in der Personalentwicklung eingesetzt werden. Die Methoden sind sehr zahlreich (vgl. Holling & Liepmann, 2003; Sonntag & Schaper, 2001) und fokussieren jeweils spezifische Aspekte im Prozess der Entstehung sozial kompetenten Verhaltens. In der Praxis haben wir es meist mit einer Mischung der verschiedenen Ansätze zu tun. Zur besseren Übersicht teilen wir die Methoden in vier Gruppen ein.

Methoden der Personalentwicklung
Wissensvermittlung
Vortrag, Lektüre, Computerprogramme
Verhaltenstrainings
Rollenspiel, Verhaltensmodellierung
Beratung
Coaching, Gruppensitzungen mit Kollegen etc.
Selbsterfahrung
Gruppendynamik, Outdoortraining etc.

- *Wissensvermittlung*

Vermittlung von Wissen

Methoden zur *Wissensvermittlung* versorgen den Mitarbeiter mit grundlegendem Know-how, das für die Steuerung seines Sozialverhaltens im beruflichen Kontext unentbehrlich ist. Je nach Arbeitskontext können dies

z. B. Informationen über Sitten und Gebräuche in fremden Kulturen, spezifische Werte des Unternehmens oder die Psychologie sozialer Konflikte sein (s. o.). Dabei bedient man sich vor allem der klassischen Lehrtechnik des Vortrags. In der Regel präsentiert der Personalentwickler die relevanten Inhalte vor einer größeren Gruppe von Trainingsteilnehmern. Darüber hinaus können die Teilnehmer durch einschlägige Lektüre in Form von Büchern oder Computerprogrammen den Besuch eines solchen Entwicklungsseminars vor- oder nachbereiten.

- *Verhaltenstraining*

Training des Verhaltens

Im Zentrum der meisten Trainings sozialer Kompetenz steht das tatsächliche Sozialverhalten der Mitarbeiter. Durch *Verhaltenstrainings* werden neue Skills aufgebaut bzw. vorhandene Kompetenzen gestärkt. Dies geschieht durch ein aktives Einstudieren des gewünschten Verhaltens. Geht es beispielsweise um die Förderung eines freundlichen Umgangs mit schwierigen Kunden, so würde man nicht nur darüber reden, welches Verhalten das Richtige wäre (Wissensvermittlung), sondern das entsprechende Verhalten in Rollenspielen auch praktisch einüben. Da das Training einen geschützten Rahmen vorgibt, kann man offen über die eigenen Schwierigkeiten reden. In einer relativ angstfreien Atmosphäre kann das Verhalten des Einzelnen in Rollenspielen systematisch analysiert und verbessert werden. Eine besonders aufwändige und gleichzeitig sehr erfolgreiche Methode, in der u. a. Rollenspiele zum Einsatz kommen, ist die Verhaltensmodellierung. Auf Grund der zentralen Rolle der Verhaltensmodellierung werden wir uns später noch ausführlicher mit ihr beschäftigen.

- *Beratung*

Beratung

Sind die notwendigen Skills bereits vorhanden, mangelt es aber an der Umsetzung im beruflichen Alltag, so kann die Methode der *Beratung* wertvolle Dienste leisten. Dem Mitarbeiter wird ein Berater an die Seite gestellt, mit dem er sich über einen längeren Zeitraum hinweg regelmäßig trifft. In den Sitzungen analysiert der Mitarbeiter gemeinsam mit seinem Coach Alltagssituationen, in denen sein Sozialverhalten offensichtlich nicht zum gewünschten Erfolg geführt hat und erarbeitet Strategien zur Beseitigung des Missstandes. Der Coach wird somit zu einem vertrauten Begleiter, der den Mitarbeiter bei der Reflexion und Steuerung seines Verhaltens unterstützt. Der Beratungsansatz kann unabhängig oder begleitend zu einem Verhaltenstraining eingesetzt werden. Tritt er trainingsbegleitend auf, könnten sich die Trainingsteilnehmer z. B. über einen Zeitraum von einem halben Jahr regelmäßig zu einer Gruppensitzung mit dem Trainer treffen. Ziel der Sitzungen ist eine Verbesserung des Trainingstransfers, also eine möglichst weitgehende Umsetzung der Trainingsinhalt im beruflichen Alltag.

• *Selbsterfahrung*

Die vierte Methode dient vor allem der Selbstreflexion des Mitarbeiters.

Selbsterfahrung

In Workshops zur reinen *Selbsterfahrung* verzichtet man auf die explizite Vermittlung von Wissen oder Skills und rückt stattdessen das Erleben des Teilnehmers in realen sozialen Situationen in den Vordergrund. Beim klassischen Ansatz der Gruppendynamik kommen die Teilnehmer eines Workshops in einem Raum zusammen, ohne dass der Trainer irgendein Programm vorgibt. Man wartet einfach ab, was als Nächstes geschieht. Früher oder später wird zwischen den Teilnehmern eine Interaktion entstehen, die anschließend zum Gegenstand einer Diskussion wird. Leitfragen könnten dabei sein: „Wie habe ich mich gefühlt?“, „Wie habe ich die anderen Gruppenmitglieder wahrgenommen?“, „Warum habe ich so und nicht anders reagiert?“, „Wie sehen andere Gruppenmitglieder mich?“, „Wie reagieren sie auf meine Person, auf mein Verhalten?“. In den letzten Jahren sind im Rahmen des Selbsterfahrungsansatzes vor allem Outdoortrainings populär geworden. Wie der Name bereits verrät, finden sie nicht in der üblichen Trainingsumgebung, also z. B. einem Hotel statt, sondern sind mehr oder minder durchgängig unter freiem Himmel angesiedelt. Die Ausgestaltungsmöglichkeiten sind nahezu grenzenlos. Sie reichen vom „Überlebenstraining“ im Dschungel über mehrwöchige Aufenthalte in Alaska oder einigen Tagen auf einer einsamen Skihütte bis hin zu zweitägigen Sitzungen im heimischen Wald, in denen man auf Bäume klettern oder eine Brücke bauen muss. Bei allen Aktionen geht es letztlich um das Miteinander der Trainingsteilnehmer. Auch im Outdoorbereich bietet sich eine Reflexion des eigenen Verhaltens und Erlebens in der Interaktion mit den übrigen Teilnehmern an. In der Praxis wird hierauf aber nicht selten verzichtet, was die Effektivität der gesamten Aktion zumindest in Frage stellt. Überhaupt ist der Nutzen von Selbsterfahrungsveranstaltungen bestenfalls im Ansatz belegt (vgl. Kanning & Winter, 2004; Sonntag, 2002).

Evaluation

Evaluationsstudien zur Überprüfung des Nutzens der verschiedenen Personalentwicklungsmethoden kommen insgesamt zu einem positiven Ergebnis (Holling & Liepmann, 2003; Sonntag, 2002). Dabei lassen sich jedoch große Unterschiede zwischen, aber auch innerhalb einer Methodengruppe feststellen. So wird z. B. nicht jedes Rollenspieltraining in gleicher Weise erfolgreich sein. Insgesamt betrachtet erweist sich eine Methode, die wir im Folgenden ausführlicher darstellen wollen, als besonders effektiv (Burke & Day, 1986). Die Rede ist von der Methode der Verhaltensmodellierung.

Verhaltensmodellierung

Mithilfe der *Verhaltensmodellierung* eignet sich der Trainingsteilnehmer spezifische Skills an und lernt, sie zielgerichtet und erfolgreich in sozialen Situationen einzusetzen (Decker & Natham, 1985). Die Trainings laufen üblicherweise in Gruppen ab, wobei jeder Teilnehmer ggf. mehrfach hintereinander einen mehrstufigen Prozess durchläuft (vgl. Abbildung 22). Stellen wir uns zur Illustration einmal die folgende Situation vor. In einem

Training zur Verbesserung des sozial kompetenten Verhaltens kommen die Führungskräfte eines Unternehmens zusammen. Gegenstand der eintägigen Veranstaltung ist das Mitarbeitergespräch, das einmal im Jahr im Rahmen der Regelbeurteilung durchgeführt wird (vgl. Fiege, Muck & Schuler, 2001). In dem Gespräch nimmt der Vorgesetzte eine Beurteilung des jeweiligen Mitarbeiters vor und gibt ihm die Gelegenheit zur Selbsteinschätzung. Den Abschluss bildet die Formulierung von Arbeitszielen für das folgende Jahr. Zu Beginn des Trainings wird der prototypische Ablauf des Mitarbeitergesprächs erläutert. Hierzu zählt die Vermittlung von grundlegenden Informationen über kommunikative Prozesse, Selbst- und Fremdwahrnehmung sowie die Prinzipien der Zielsetzungsmethode. Im Kern geht es jedoch um die Frage, wie die Führungskraft mit schwierigen Situationen, die häufig in solchen Gesprächen auftreten, umgehen sollte. Schwierige Situationen wären etwa gegeben, wenn der Mitarbeiter dem Vorgesetzten Voreingenommenheit vorwirft und seine Beurteilung nicht gelten lassen will, wenn sich der Mitarbeiter tief betroffen über eine negative Bewertung einer Fortführung des Gesprächs verweigert oder wenn er in der Phase der Zielvereinbarung beharrlich auf viel zu niedrig angesetzten Zielen besteht. Alle drei Situationen erfordern ein hohes Maß an Geschick, will der Vorgesetzte das Gespräch zu einem für beide Seiten erfolgreichen Abschluss bringen. Für jede der drei Szenen soll der Trainingsteilnehmer geeignete Skills ausbilden. Die Wahl der Methode fällt auf die Verhaltensmodellierung. Bei jedem Teilnehmer wird die Methode dreimal eingesetzt, eben für jede der Problemsituationen einmal.

In der ersten Phase der Verhaltensmodellierung präsentiert der Trainer ein *Modell*, anhand dessen richtiges und falsches Verhalten differenziert wird. Die Darstellung kann in Rollenspielen erfolgen, besser wäre jedoch ein Film, da man sich dann das Verhalten des Protagonisten mehrfach hintereinander anschauen kann und somit die Basis für eine sehr exakte Analyse des Verhaltens legt. Im Film sieht man, wie eine Führungskraft ein Mitarbeitergespräch führt, in dem eine der drei skizzierten Problemsituationen auftritt. In jedem Fall benötigt man ein Modell, das das Problem zufriedenstellend löst, so dass die Trainingsteilnehmer direkt vom Verhalten des Modells lernen können. Wahlweise ließe sich zusätzlich ein Film mit fehlerhaftem Verhalten zeigen. Hierdurch fällt die Unterscheidung zwischen richtigem und falschem Verhalten besonders leicht. Das Verhalten des Modells wird mit den Trainingsteilnehmern diskutiert und dabei eine idealtypische Lösung des Problems erarbeitet. Im Sinne der Lerntheorie von Bandura (1986) ist an dieser Stelle bereits der kognitive Lernprozess abgeschlossen. Die Teilnehmer wissen nun, welches Verhalten sie in einer entsprechenden Situation an den Tag legen sollen. Voraussetzung hierfür ist allerdings, dass sie dem Modell tatsächlich ihre Aufmerksamkeit geschenkt haben und die wichtigen Informationen in ihrem Gedächtnis speichern. Beides fördert der Trainer, indem er gemeinsam mit den Führungskräften das Verhalten des Modells analysiert. Darüber hinaus ist es von Vorteil, wenn zwischen dem erfolgreichen Modell und den Trainingsteilnehmern eine gewisse Ähnlichkeit besteht und das Modell mit dem gewünschten Verhalten offensichtlich erfolgreich ist. Die wahrgenommene Ähnlichkeit erhöht die Wahrscheinlichkeit für eine späterhin erfolgreiche Imitation des Verhaltens durch die Trainingsteilnehmer.

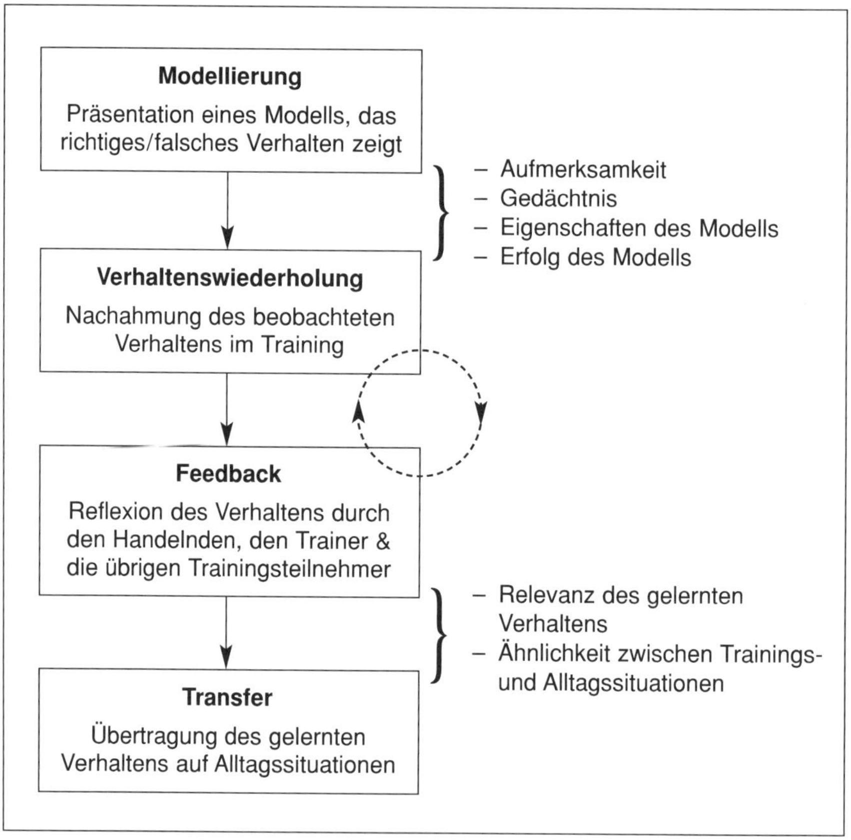

Abbildung 22:
Prozess der Verhaltensmodellierung

In der zweiten Phase der Verhaltensmodellierung *üben die Trainingsteilnehmer* das Modellverhalten selbst ein. Hierzu werden Rollenspiele durchgeführt, in denen der Teilnehmer die Rolle der Führungskraft, der Trainer oder ein Assistent die Rolle des schwierigen Mitarbeiters übernimmt.

Die übrigen Teilnehmer beobachten das Geschehen aufmerksam, damit sie in der *Feedbackphase*, dem Kollegen eine möglichst differenzierte Rückmeldung über sein Verhalten geben können. Das Feedback wird erleichtert, wenn das Rollenspiel zuvor gefilmt wurde, da man sich die Szene dann mehrfach hintereinander anschauen könnte. Auch hat der Protagonist so die Möglichkeit, sein eigenes Verhalten einmal direkt aus der Perspektive des unbeteiligten Beobachters zu betrachten. In der Feedbackphase geht es im Wesentlichen um die Frage, inwieweit der Protagonist das Modellverhalten richtig umgesetzt hat und welche Verbesserungen er noch vornehmen sollte. Sofern sein Verhalten nicht schon beim ersten Spiel perfekt war, wird der Zyklus aus Rollenspiel und Feedback mehrfach durchlaufen, gerade eben so lange, bis ein zufrieden stellendes Verhalten resultiert. Anschließend kommt der nächste Trainingsteilnehmer an die Reihe und so fort, bis alle das Modellverhalten gut einstudiert haben. Ist die Teilnehmergruppe sehr groß, kann man sie trennen, damit der Einzelne nicht zu lange auf seinen Einsatz warten muss. Gleichwohl ist die Zeit als „Zuschauer" keine vergeudete Zeit, da der Beobachter sich intensiv mit dem erwünschten Verhalten auseinandersetzt. Seine Kollegen fungieren dabei gewissermaßen als weitere Modelle, von denen er lernen kann, bis er selbst an die Reihe kommt. Ist die Verhaltensmodellierung für eine Problemsituation abgeschlossen, beginnt der gesamte Prozess für die nächste Problemsituation von vorn.

Betrachten wir nun eine einzelne Problemsituation, so schließt sich an die Phase des Feedbacks direkt die *Transferphase* an. Die Seminarteilnehmer verlassen den geschützten Rahmen des Trainings und setzen die einstudierten Skills im Berufsalltag um. Dies geschieht umso leichter, je hilfreicher das neue Verhalten im Berufsalltag ist. Wenn der Trainingsteilnehmer merkt, dass er die fraglichen Situationen nun sehr viel besser bewältigen kann, wird er auch hinreichend motiviert sein, alte Verhaltensroutinen durch Neues zu ersetzen. Ein weiterer wichtiger Punkt in diesem Zusammenhang ist die Ähnlichkeit zwischen Trainings- und Alltagssituation. Je mehr die Trainingssituation dem beruflichen Alltag entspricht, desto leichter fällt den Teilnehmern auch die Übertragung des gelernten Verhaltens.

Alles in allem betrachtet gibt es mithin viele Möglichkeiten, die sozialen Kompetenzen bzw. das Sozialverhalten der Mitarbeiter im Zuge der Personalentwicklung zu verbessern. Die Trennung der verschiedenen Methoden ist in gewisser Weise künstlich. Erfolgreiche Maßnahmen stellen eine Mischform dar, bei der zunächst sozial relevantes Wissen vermittelt wird. Anschließend erhält der Mitarbeiter die Gelegenheit, sein eigenes Verhalten durch praktische Übungen zu verändern. Dabei macht er zwangsläufig neue Erfahrungen (Selbstbild-Fremdbildvergleich, Perspektivenübernahme etc.), die seine Sicht sozialer Interaktionen verändern kann. Sofern das Verhalten jedes Trainingsteilnehmers individuell analysiert wird, erhält jeder Teilnehmer eine individuelle Beratung, die bei Bedarf auch über den eigentlichen Trainingstermin hinaus weiter fortgeführt werden kann.

4.3 Maßnamen zur Verbesserung des Trainingserfolgs

Der Trainingserfolg hat viele Väter

Bei naiver Betrachtung hängt der Erfolg einer Trainingsmaßnahme allein von den Inhalten des Trainings ab. Verbessert sich das kritische Verhalten der Trainingsteilnehmer nicht spürbar, ist das Training nicht gut genug gewesen – so ist man jedenfalls versucht zu glauben. Bei näherer Betrachtung wird jedoch sehr schnell deutlich, dass der Erfolg viele Väter hat. Wer den Erfolg einer Personalentwicklungsmaßnahme sicherstellen will, darf sich daher nicht allein auf das eigentliche Training konzentrieren. In Abbildung 23 haben wir die wichtigsten Bestimmungsstücke einer insgesamt erfolgreichen Maßnahme zur Verbesserung sozialer Kompetenzen zusammengefasst (siehe auch Bergmann & Sonntag, 1999).

Merkmale des Trainings

Die ersten Bestimmungsstücke betreffen die *Merkmale des Trainings*. Ein erfolgreiches Training führt dazu, dass die gelernten Inhalte tatsächlich im Arbeitsalltag angewendet werden. Diese Aufgabe ist umso schwieriger, je weiter die Trainingsinhalte von der tatsächlichen Berufsrealität entfernt sind. Eine erste wichtige Bedingung für ein erfolgreiches Training ergibt sich daher aus der Passung zwischen den vermittelten Lerninhalten und den Anforderungen des Alltags. Mithilfe einer Bedarfsanalyse muss im Vorhinein festgestellt werden, welche sozialen Kompetenzen überhaupt Gegenstand einer Personalentwicklungsmaßnahme sein sollen. Anschließend wird das Training genau so konzipiert, dass es die vorhandenen Defizite in Angriff nimmt. So wäre es z. B. wenig hilfreich, wenn man den Führungskräften, die Schwierigkeiten mit der Durchführung von Mitarbeitergesprächen haben, ein allgemeines Kommunikationstraining anbieten würde. Zwar wird man hiermit wohl keinen großen Schaden anrichten, wohl aber wichtige Ressourcen verschwenden. Überdies läuft man Gefahr, die Trainingsteilnehmer zu verärgern, weil sie schon recht bald merken werden, dass das Training nicht hinreichend auf ihre Bedürfnisse zugeschnitten ist. Ein zweiter wichtiger Punkt betrifft die eingesetzten Methoden zur Vermittlung der Lerninhalte. Will man die Selbstreflexion der Trainingsteilnehmer stärken, sollte man sich nicht nur der Vortragsmethode bedienen, sondern auch Übungen zur Selbsterfahrung einsetzen. Will man konkretes Verhalten verändern, so darf man nicht nur über Verhalten reden, sondern muss den Trainingsteilnehmern die Gelegenheit geben, dass sie die gewünschten Verhaltensweisen möglichst realitätsnah einüben können. Nicht zu unterschätzen ist schließlich auch die Person des Trainers. Dass sie über eine entsprechende Fachkompetenz verfügt, versteht sich von allein. Der Trainer muss darüber hinaus ausgeprägte didaktische Fähigkeiten besitzen, er muss Menschen überzeugen, wenn nicht gar begeistern können. Eine gewisse Begabung zum Entertainment ist dabei meist nicht von Nachteil.

Merkmale der Trainingsteilnehmer

Neben den Merkmalen des Trainings hängt der Erfolg eines Trainings von den *Merkmalen der Trainingsteilnehmer* ab. Dies gilt gleichermaßen für die Frage, ob die Teilnehmer überhaupt etwas in dem Training lernen als auch für den Transfer des Gelernten in den Berufsalltag. Die Teilnehmer können sich u. a. hinsichtlich ihrer Fähigkeiten unterscheiden. Sind die Unterschiede zwischen den Teilnehmern sehr groß, wird es leicht zu Unstimmigkeiten führen. Entweder orientiert sich der Trainer im Tempo der Veranstaltung an den Schwächeren und nimmt in Kauf, dass sich die Leistungsstärkeren langweilen oder er wählt die entgegengesetzte Strategie und überfordert die Leistungsschwächeren. Sinnvoller wäre es, wenn man von vornherein eine eher leistungshomogene Teilnehmergruppe zusammenstellt. Geringfügige Unterschiede können sich dabei insgesamt förderlich auswirken, weil die Leistungsstärkeren die Leistungsschwächeren gewissermaßen mit sich „nach oben“ ziehen (vgl. Festinger, 1954). Generell sollte eine zumindest mittlere Motivation der Trainingsteilnehmer gewährleistet sein. Zwar kann der Trainer selbst durch Überzeugung sowie eine insgesamt attraktive Gestaltung der Veranstaltung zur Motivierung beitragen; völlig desinteressierte Teilnehmer oder gar solche, die in Opposition zur PE-Maßnahme stehen, gefährden den Erfolg des Trainings nicht nur für sich, sondern auch für andere. Bereits vor der Veranstaltung sollten die potenziellen Teilnehmer daher ausführlich über Inhalte, Ablauf und Zweck

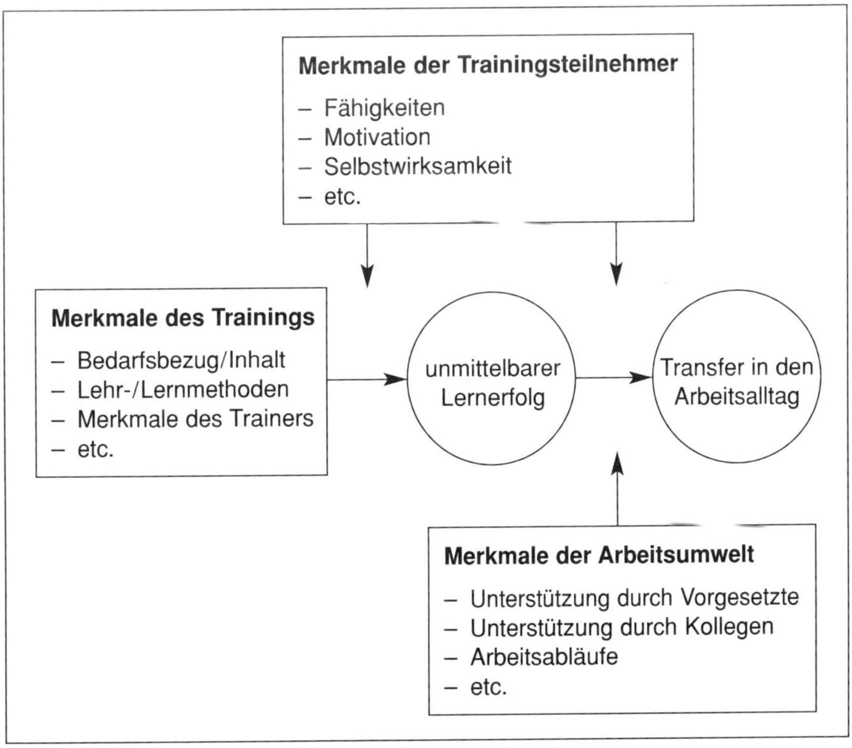

Abbildung 23:
Variablen des Trainingserfolgs

informiert werden. Eine freiwillige Teilnahme ist immer besser als eine, die nur auf Veranlassung des Vorgesetzten zu Stande kommt. Steht die Veränderung des Verhaltens im Zentrum der Maßnahme, so ist ein hoher Transfererfolg nur dann zu erwarten, wenn die Teilnehmer über eine gewisse Selbstwirksamkeitsüberzeugung verfügen. Selbstwirksamkeit ist gegeben, wenn eine Person davon überzeugt ist, dass sie tatsächlich durch eigene Anstrengung das gewünschte Ziel erreichen kann (Bandura, 1986). Vergleichbar zur Motivation ist auch die Selbstwirksamkeitsüberzeugung durch den Trainer beeinflussbar. Erfährt ein Teilnehmer im Rahmen der Verhaltensmodellierung, dass er tatsächlich sein Verhalten ändern kann, so ist dies sicherlich die beste Voraussetzung für eine starke Selbstwirksamkeitsüberzeugung. Alles in allem spricht mithin einiges dafür, dass man sich vor dem Training nicht nur Gedanken über die Trainingsinhalte, sondern auch über die Teilnehmer macht. Eine gezielte Zusammenstellung der Teilnehmergruppe kann den Erfolg der Maßnahme deutlich steigern.

Merkmale der Arbeitsumwelt

Im Zuge des Transfers versucht der Mitarbeiter die gelernten Inhalte in die Praxis umzusetzen. Im Arbeitsalltag wird er mit Bedingungen konfrontiert, die einer Umsetzung des Gelernten nicht selten im Wege stehen. Zu diesen *Merkmalen der Arbeitsumwelt* gehören Vorgesetzte und Kollegen ebenso wie die Arbeitsprozesse selbst. Hat beispielsweise ein Polizeibeamter ein Training zur Verbesserung des Sozialverhaltens im Umgang mit dem Bürger besucht, so wird er das Verhalten wahrscheinlich schon nach kurzer Zeit ablegen, wenn er hierfür im Arbeitskontext keine Anerkennung findet. Möglicherweise sehen die Kollegen in den Bürgern keine Kunden, sondern eher Bittsteller oder potenzielle Straftäter, die sie als Vertreter der Obrigkeit überwachen müssen. Der Trainingsteilnehmer müsste in diesem Umfeld also erst Aufklärungsarbeit leisten, will er nicht Gefahr laufen, seine Kollegen gegen sich aufzubringen. Noch schwieriger wird die Situationen, wenn der Vorgesetzte die Trainingsmaßnahme nicht unterstützt. In einem anderen Beispiel mag die Organisation der Arbeitsprozesse einer adäquaten Umsetzung der Lerninhalte im Wege stehen. Denken wir z. B. an einen Verkäufer, der gerade gelernt hat, wie man mit aufgebrachten Kunden umgeht. Ist die Filiale des Kaufhauses personell so schwach besetzt, dass er sich gar nicht genügend Zeit für den einzelnen Kunden nehmen kann, läuft seine Ausbildung ganz einfach ins Leere. Will man derartige Umsetzungsprobleme vermeiden, muss die Trainingsmaßnahme in ein Gesamtkonzept der Personal- und Organisationsentwicklung eingebettet werden. Die Führungskräfte müssen zumindest „auf Linie gebracht werden“, sofern sie nicht selbst an entsprechenden Schulungen teilnehmen (können). Die Schulung eines einzelnen Mitarbeiters sollte zu Gunsten einer Ausbildung ganzer Teams in den Hintergrund treten. Auf einer übergeordneten Ebene muss man sich darüber hinaus Gedanken machen, wie die Arbeitsprozesse ggf. zu verändern sind, damit sie dem Ziel eines veränderten Sozialverhaltens nicht nur nicht im Wege stehen, sondern es vielmehr unterstützen.

4.4 Fazit

Neben der Personalauswahl und der gezielten Platzierung von Mitarbeitern im Unternehmen ist die Personalentwicklung die dritte wichtige Säule eines sozial kompetenten Verhaltens am Arbeitsplatz. Verfügen die Mitarbeiter nicht über hinreichende Kompetenzen, haben sich die Arbeitsbedingungen grundlegend verändert oder ist ein Mitarbeiter für zukünftige Aufgaben in seinen sozialen Kompetenzen noch nicht hinreichend qualifiziert, so hilft die Personalentwicklung bei der gezielten Beseitigung der Defizite. Hierzu stehen zahlreiche Methoden zur Verfügung, die vor allem in Kombination miteinander zielführend sein dürften. Neben der Vermittlung von sozial relevantem Wissen können die Mitarbeiter in Selbsterfahrungsübungen ihr eigenes Sozialverhalten sowie die Interaktion mit anderen Menschen systematisch hinterfragen. Die Verhaltensmodellierung hilft bei der Aneignung neuer Verhaltensweisen. Durch beständiges Wiederholen, gepaart mit einem systematischen Feedback, wird nicht nur Schritt für Schritt ein neues Verhalten aufgebaut sondern auch ansatzweise automatisiert. Beratungsangebote runden schließlich das Maßnahmenpaket ab. Der Coach hilft im Einzelfall oder in der Gruppe bei der Selbstreflexion und unterstützt längerfristig begleitend die Umsetzung der neuen Ziele am Arbeitsplatz. Von dauerhaftem Erfolg wird das Vorgehen jedoch nur dann gekrönt sein, wenn von Beginn an die Rahmenbedingungen bedacht und zum Positiven hin beeinflusst wurden. Es versteht sich eigentlich von allein, dass die Inhalte eines Trainings auf die spezifischen Bedürfnisse bzw. Defizite der Teilnehmer zugeschnitten sind. Die Teilnehmergruppe sollte überlegt zusammengestellt sein und die einzelne Maßnahme in ein Gesamtkonzept der Personal- und Organisationsentwicklung eingebettet werden.

5 Fallbeispiele

5.1 Mitarbeitertraining

Im Folgenden stellen wir zur Illustration ein Training vor, das im Auftrag einer Stadtverwaltung entwickelt wurde[3]. Die Teilnehmer waren Mitarbeiter des Amtes für Stadtplanung sowie des Amtes für Straßenbau mitsamt den dazugehörigen Führungskräften. Beide Ämter stehen häufig in der Kritik einzelner Bürger, die sich in der einen oder anderen Weise ungerecht behandelt fühlen. Die Kritikpunkte sind ebenso zahlreich wie vielfältig:

3 Das Training wurde gemeinsam mit Herrn Dipl.-Psych. Torsten Brandenburg und Herrn Dipl.-Psych. Meinald Thielsch in der Beratungsstelle für Organisationen der Universität Münster entwickelt.

Anwohner beschweren sich darüber, dass eine Straßenlaterne genau vor ihrem Schlafzimmerfenster steht oder dass die Bordsteinkante vor ihrem Haus zu hoch ist. Bürger aus Neubausiedlungen können nicht einsehen, dass sie sich an den Tiefbauarbeiten zur Erschließung des neuen Areals finanziell beteiligen müssen, während Bewohner bereits bestehender Siedlungen eine finanzielle Beteiligung an den Arbeiten zur Straßenausbesserung ablehnen. Wieder andere kritisieren irgendeinen Bebauungsplan. Wie auch immer der Problemfall im Einzelnen liegen mag, nahezu täglich werden die städtischen Angestellten mit aufgebrachten Bürgern konfrontiert, die sie eigentlich freundlich und zuvorkommend behandeln sollten. Obwohl derartige Aufgaben täglich zu bewältigen sind, hat keiner der angestellten Architekten, Ingenieure und Verwaltungsexperten jemals eine Ausbildung in diesem Bereich erfahren. Diesem Defizit, das von einem der beiden Amtsleiter erkannt wurde, sollte nun mit einem Training begegnet werden.

Zur Vorbereitung des Trainings wurden insgesamt acht Interviews mit Mitarbeitern unterschiedlicher Verantwortungsbereiche geführt. Hierdurch konnte zum einen sichergestellt werden, dass sich die Trainingsentwickler ein realistisches Bild von der Arbeitswirklichkeit der Mitarbeiter machen konnten, zum anderen wurden die Relevanz einzelner Trainingsbausteine sowie die Erwartungen und Wünsche der Mitarbeiter hinterfragt. Auf der Basis der gewonnen Erkenntnisse entstand ein zweitägiges Training, dessen Ablauf in Tabelle 7 skizziert wird.

Nach der üblichen Begrüßungs- und Vorstellungsrunde folgt zunächst ein Theorieblock mit grundlegenden Modellen und Forschungsergebnissen zum Thema „Kundenzufriedenheit". Ziel ist eine systematische Auseinandersetzung mit dem Phänomen. Leitfragen sind dabei: Was ist eigentlich Kundenzufriedenheit? Warum sollte sich eine Organisation wie die Stadtverwaltung um ein kundenfreundliches Verhalten bemühen? Welche Formen der Kundenzufriedenheit können unterschieden werden und wie kommen sie zu Stande? Nach einer kurzen Pause geht es im zweiten Schritt um eine Übertragung der abstrakten Forschungsergebnisse auf den Anwendungsfall „Stadtverwaltung". In Kleingruppen überlegen sich die Trainingsteilnehmer, wodurch bei ihren eigenen Kunden Zufriedenheit bzw. Unzufriedenheit entstehen kann. Wichtig ist dabei die Unterscheidung in Basis-, Leistung- und Begeisterungsfaktoren, die der Forschung zur Arbeitszufriedenheit entlehnt ist. Basisfaktoren repräsentieren Sachverhalte und Umgangsformen, die von den Kunden gewissermaßen als selbstverständlich angesehen werden, wie z. B. freundliche Begrüßung und Verabschiedung bei einem persönlichen Gespräch. Bemüht sich der Mitarbeiter um ein freundliches Auftreten, so führt dies nicht etwa zu Kundenzufriedenheit, sondern nur zu einer neutralen Einstellung. Mangelt es hingegen an solch grundlegenden Ritualen, resultiert Unzufriedenheit. Begeisterungsfaktoren sind hingegen Sachverhalte oder Verhaltensweisen, die völlig unüblich sind (z. B. könnte man dem Kunden eine Tasse Kaffee anbieten). Tritt das fragliche Ereignis nicht ein,

Tabelle 7:
Ablaufplan eines Trainings zur Steigerung der Kundenorientierung

Uhrzeit	Inhalt	Methodik
Tag 1		
08:30–09:00	– Begrüßung – Vorstellungsrunde	
09:00–10:00	Kundenzufriedenheit im Spiegel der Forschung – Definition – Bedeutung für die Organisation – Dienstleistungstriade (Kunde, Mitarbeiter und Organisation) – Determinanten der Kundenzufriedenheit (Ist – Soll x Wert) – Allgemeine und spezifische Kundenzufriedenheit – Basis-, Leistungs- und Begeisterungsfaktoren – Interventionsmöglichkeiten	– Vortrag
10:00–10:15	Kaffeepause	
10:15–12:30	Kundenzufriedenheit bei der Stadtverwaltung – Was macht Zufriedenheit aus? – Was macht Unzufriedenheit aus? – Basis-, Leistungs- und Begeisterungsfaktoren – Realisierbarkeit?	– Einzelarbeit – Metaplantechnik – Gruppendiskussion
12:30–13:30	Mittagspause	
13:30–17:00	– Kommunikation per Brief, Mail & Telefon – Umgang mit schwierigen Kunden am Telefon	– Vortrag – Rollenspieltechnik – Videofeedback
Tag 2		
08:30–11:00	– Kommunikation im direkten Gespräch – Umgang mit schwierigen Kunden im direkten Gespräch	– Vortrag – Rollenspieltechnik – Videofeedback
11:00–11:15	Kaffeepause	
11:15–12:30	– Beschwerdemanagement	– Vortrag – Diskussion
12:30–13:30	Mittagspause	
13:30–15:45	Kundenzufriedenheit & Organisationskultur – Kunden- und Arbeitszufriedenheit – Was erzeugt Arbeitszufriedenheit? – Was muss sich ändern?	– Vortrag – Kleingruppenarbeit – Diskussion
15:45–16:00	Kaffeepause	
16:00–16:30	– Tagebuch zur Verbesserung der Selbstkontrolle	– Vortrag
16:30–17:00	– Evaluationsfragebogen – Feedbackrunde – Verabschiedung der Teilnehmer	

so ändert sich nichts an der Stimmung des Kunden. Umgekehrt gilt jedoch, dass sein Auftreten sofort für ein gutes Klima sorgt – eben gerade weil der Kunde mit einem solch zuvorkommenden Service nicht gerechnet hat. Während die Basisfaktoren somit auf das Ausmaß der Unzufriedenheit, die Begeisterungsfaktoren hingegen nur auf das Ausmaß der Zufriedenheit Einfluss nehmen können, gilt für Leistungsfaktoren beides. Sind sie defizitär ausgeprägt, resultiert Unzufriedenheit. Eine deutlich positive Ausprägung erzeugt hingegen Zufriedenheit. Ein Beispiel hierfür könnte die mehr oder minder aktive Unterstützung des Bürgers bei der Lösung eines Problems sein. Wendet sich der Bürger mit einem Problem an die Stadtverwaltung (z. B. zu hohe Bürgersteigkante in der Toreinfahrt zu seinem Grundstück), so erwartete er selbstverständlich, dass der Mitarbeiter ihm hilft. Blockt der Mitarbeiter die Beschwerde einfach nur ab, resultiert eine starke Unzufriedenheit. Je aktiver der Mitarbeiter sich hingegen für eine möglichst schnelle und unbürokratische Lösung des Problems einsetzt, desto größer wird auch die Zufriedenheit des Kunden. Ziel der Übung ist eine intensive Auseinandersetzung mit dem (vermuteten) Erleben der Kunden sowie der Frage, über welche Faktoren die Mitarbeiter der Stadtverwaltung direkt Einfluss auf die Zufriedenheit ihrer Kunden nehmen können. Wie zu erwarten war, erwies sich bei dieser Analyse der Kommunikationsstil der Mitarbeiter als eine der zentralen Variabeln. Die zweite Hälfte des ersten Trainingstages wurde daher für die Auseinadersetzung mit dem Thema Kommunikation reserviert.

Nach dem Mittagessen werden grundlegende Verhaltensregeln für die Kommunikation per Brief, E-Mail und Telefon präsentiert. Die Regeln entstammen der Fachliteratur. Im Zentrum der nachmittäglichen Aktivität steht die praktische Umsetzung der Verhaltensregeln für die Kommunikation per Telefon. Die Wahl fiel auf das Telefon, weil die Regeln für den Schriftverkehr sehr leicht durch Standardformulierungen umzusetzen sind, das direkte Gespräch mit dem aufgebrachten Kunden hingegen ein sehr flexibles Reagieren erfordert, das nicht einfach ohne Verhaltenstraining, allein auf Grund der Lektüre eines Lehrbuchtextes, umgesetzt werden kann. Das Verhaltenstraining bedient sich der Methode des Videofeedbacks. Ein Trainingsteilnehmer durchläuft gemeinsam mit einem Trainer, der einen aufgebrachten Bürger am Telefon spielt, die Übung. Die Szene wird aufgezeichnet und anschließend zur gemeinsamen Analyse erneut angeschaut. Der Trainingsteilnehmer hat dabei die Möglichkeit, sein eigenes Verhalten einmal aus der Perspektive des Beobachters zu betrachten. Anschließend wird die Szene erneut gespielt, wobei der Teilnehmer sich bemüht, sein Verhalten im zweiten Durchlauf kundenfreundlicher zu gestalten.

Am zweiten Tag wird zunächst das Thema Kommunikation mit schwierigen Kunden fortgesetzt. Diesmal geht es um die das direkte Gespräch mit dem Bürger, der die Amtsräume persönlich aufsucht und seinem Ärger

Luft machen will. Nach einer kurzen theoretischen Auseinandersetzung steht erneut die Verhaltensübung mit Videofeedback im Zentrum des Geschehens.

Im anschließenden Themenblock geht es nicht mehr um das Verhalten des einzelnen Mitarbeiters, sondern um strukturelle Maßnamen, mit denen man die anfallenden Beschwerden managen kann. Den Teilnehmern werden in Form eines Vortrags verschiedene Optionen eines effektiven und kundenfreundlichen Beschwerdemanagements vorgestellt (z. B. Einrichtung einer zentralen Beschwerdestelle mit geschultem Personal). Die Vorschläge aus der Literatur sind Gegenstand der sich anschließenden Diskussion, in der es vor allem um die Frage geht, welches System für die Stadtverwaltung realisierbar wäre.

Nach dem Mittagessen folgt ein weiterer Themenwechsel. Es wird verdeutlicht, dass das Verhalten der Mitarbeiter gegenüber dem Kunden auch etwas mit dem Organisationsklima sowie der eigenen Arbeitszufriedenheit zu tun hat. Vergleichbar zum Beschwerdemanagement regt die Auseinandersetzung mit einigen grundlegenden Forschungsergebnissen eine Diskussion über die eigene Organisation an. Hierzu teilt sich die Trainingsgruppe in zwei Subgruppen. Die Mitglieder jedes Amtes diskutieren gemeinsam mit ihrem direkten Vorgesetzten, welche Veränderungen zu einem angenehmeren Arbeitsklima beitragen würden. Entsprechende Ideen werden schriftlich fixiert.

Der letzte Themenblock dient der Transfersicherung. Die Trainingsteilnehmer sollen in die Lage versetzt werden, ihr eigenes Verhalten auch in Zukunft kritisch zu hinterfragen und bewusst an den Grundsätzen einer kundenfreundlichen Orientierung auszurichten. Zu diesem Zwecke wird ein Modell des Selbstmanagements präsentiert, das auf dem Ansatz von Kanfer (Kanfer, Reinecker & Schmelzer, 2000) beruht. Demzufolge sollen sich die Mitarbeiter vor dem Hintergrund des Trainings konkrete Ziele zur Verbesserung ihres eigenen Sozialverhaltens im Berufsalltag setzen. Anschließend überprüfen sie in regelmäßigen Abständen mithilfe eines Tagebuches, ob sie die gesetzten Zeile erreicht haben, warum dies ggf. nicht geschehen ist und formulieren Zwischenziele für die nähere Zukunft, die sie bei der Verwirklichung des übergeordneten Zieles unterstützen sollen. Das Tagebuch hilft dabei, den Analyseprozess bewusst zu steuern und die eigenen Ziele ebenso explizit wie verbindlich festzuhalten.

Den Abschluss der Veranstaltung bildet ein kurzer Evaluationsbogen, der von allen Teilnehmern anonym ausgefüllt wird, gefolgt von einer offenen Feedbackrunde für die Trainer und schließlich der Verabschiedung.

Wir sehen, in unserem Training geht es keineswegs nur um die Einübung spezifischer Skills für einen kundenfreundlicheren Umgang mit dem Bürger. Das Training vermittelt auch grundlegendes psychologisches Wissen sowie praktische Systemlösungen für die gesamte Organisation. Die Reflexion des eigenen Verhaltens wird gezielt gefördert und dies nicht nur im Hinblick auf den Umgang mit dem Bürger, sondern auch in Bezug auf das Miteinander von Kollegen und Vorgesetzten. Das Phänomen der Kundenorientierung wird dabei aus verschiedenen Perspektiven beleuchtet und in einen organisationsbezogenen Gesamtzusammenhang eingebettet. Gerade diese breite wissenschaftlich untermauerte Sichtweise, mag zu der hohen Akzeptanz des Trainings unter den Teilnehmern beigetragen haben.

5.2 Führungskräftetraining

Das zweite Training, von dem hier berichtet werden soll, wurde ebenfalls im Auftrag einer Stadtverwaltung entwickelt und durchgeführt (vgl. Kanning & Walter, 2003). Diesmal ging es um die sozialen Kompetenzen von Führungskräften. An der Veranstaltung nahmen 50 Führungskräfte der untersten beiden Führungsebenen aus allen Bereichen der Stadtverwaltung teil. Eine Besonderheit bestand darin, dass die Teilnehmer zwischen zwei Trainingsvarianten wählen konnten. In der ersten Variante wurde der Stoff

Kompetenz		Beschreibung
Delegation	→	Mitarbeitern eigene Verantwortungsbereiche übertragen
Perspektivenübernahme	→	sich in die Person des Mitarbeiters, seine Arbeitsbedingungen, Wünsche etc. hineindenken können
Durchsetzungsfähigkeit	→	Entscheidungen ggf. auch gegen den Widerstand anderer zum Ziel führen
Selbstkontrolle	→	sich im Griff haben; keinen starken Stimmungsschwankungen unterliegen
Partizipation	→	Mitarbeiter an wichtigen Entscheidungen teilhaben lassen
Soziale Unterstützung	→	sich um das persönliche Wohlergehen der Mitarbeiter sorgen, ihnen helfen
Gerechtigkeit	→	alle Mitarbeiter nach den gleichen, fairen Prinzipien behandeln
Teamorientierung	→	gemeinsam mit allen Mitarbeitern an einem Strang ziehen; nicht als Einzelkämpfer auftreten, sich für die Gruppe einsetzen
Kommunikation	→	das Gespräch mit den Mitarbeitern suchen, Entscheidungen erklären
Motivierung	→	Mitarbeiter zur Leistung anhalten, ihrer Anstrengungsbereitschaft einen Sinn geben

Abbildung 24:
Beschreibung der untersuchten sozialen Kompetenzen

wie allgemein üblich „am Stück" über 1,5 Tage hinweg vermittelt, während er sich in der zweiten Variante auf 3 x 0,5 Tage verteilte. Die zweite Variante sollte den Führungskräften die Möglichkeit bieten, die Entwicklungsmaßnahme leichter in ihren Arbeitsalltag zu integrieren. Die Mehrheit entschied sich denn auch für diese Form des Trainings.

Im Vorfeld des Trainings galt es zunächst, eine Bedarfsanalyse durchzuführen. Gemeinsam mit den Verantwortlichen der Stadtverwaltung wurde zu diesem Zweck ein Fragbogen entwickelt und allen 600 Mitarbeitern zur Bearbeitung vorgelegt (Rücklaufquote 50 %). Mithilfe des Fragebogens sollten die Mitarbeiter zum einen 10 soziale Kompetenzen ihrer direkten Vorgesetzten einschätzen (vgl. Abbildung 24), zum anderen enthielt der Bogen Items zur Erfassung ihrer eigenen Arbeitzufriedenheit.

Im Bereich der sozialen Kompetenzen wurde überdies zwischen IST und SOLL unterschieden. Der IST-Wert beschreibt die von den Mitarbeitern wahrgenommenen sozialen Kompetenzen ihrer Vorgesetzten. Der SOLL-Wert dokumentiert hingegen die Wünsche der Mitarbeiter im Hinblick auf dieselben Kompetenzen. Abbildung 25 gibt den Vergleich zwischen IST und SOLL wieder (Einschätzungsskala von 1 bis 4). Bei allen Kompetenzen liegt der SOLL-Wert signifikant über dem IST-Wert. Allerdings ist die jeweilige Diskrepanz durchaus unterschiedlich groß. Alle untersuchten Kompetenzen korrelieren zudem signifikant mit der Arbeitszufriedenheit der Mitarbeiter (.37 bis .67). Nehmen wir diese beiden Informationen zusammen, so wäre es sicherlich legitim, alle 10 Kompetenzen in der Personalentwicklung zu berücksichtigen. Für ein einzelnes Training wäre dies jedoch eine deutliche Überforderung. Das Training bezieht sich daher nur

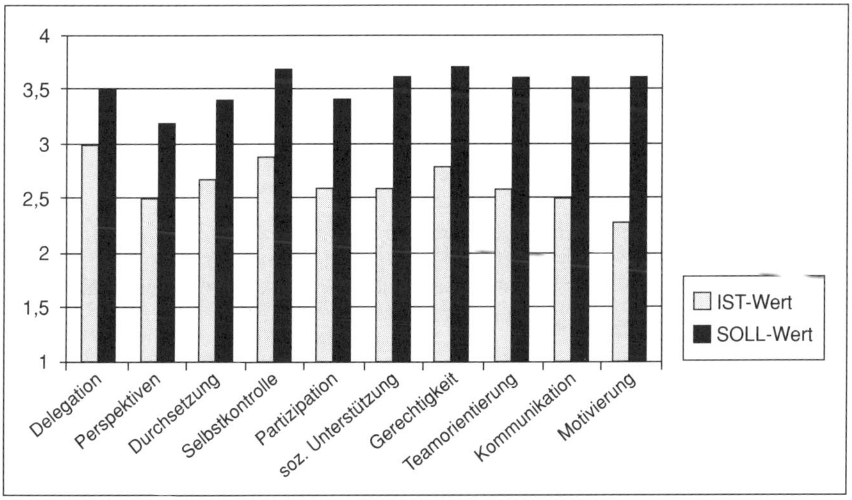

Abbildung 25:
Vergleich wahrgenommener und gewünschter sozialer Kompetenzen

auf fünf der zehn Kompetenzen. Hierbei handelt es sich um solche Kompetenzen, bei denen die Diskrepanz zwischen IST und SOLL besonders stark ausgeprägt ist: soziale Unterstützung, Gerechtigkeit, Teamorientierung, Kommunikationsfähigkeit und Motivierung der Mitarbeiter.

Zu jeder Kompetenz wurde im nächsten Schritt ein eigenes Trainingsmodul entwickelt. Die Vermittlung grundlegender Theorien und Erkenntnisse aus der psychologischen Forschung steht dabei gleichberechtigt neben der Anleitung zur Selbstreflexion und dem praktischen Einüben neuer Verhaltensweisen. Tabelle 8 gibt einen Überblick über die Inhalte der einzelnen Module sowie die verwendeten Methoden. Neben dem klassischen Fachvortrag kommen Diskussionen, Kleingruppenarbeiten, Rollenspiele und Videofeedback zum Einsatz.

Tabelle 8:
Inhalte und Methoden des Trainings

Kompetenzbereich	Inhalte	Methoden
Soziale Unterstützung	– Kennzeichen sozialer Unterstützung im Umgang mit Mitarbeitern, – förderliche und hemmende Faktoren prosozialen Verhaltens	– Folienvortrag, – Analyse des Umgangs mit eigenen Mitarbeitern, – Bearbeitung situativer Items zum Umgang mit Mitarbeitern, – Diskussion
Gerechtigkeit	– Austauschtheorie, – drei Prinzipien der Verteilungsgerechtigkeit, – Gerechtigkeits- und Ungerechtigkeitserleben, – Konfliktlösung und Gerechtigkeit	– Folienvortrag, – Diskussion, – Rollenspiel
Teamorientierung	– Führungsstile nach Blake und Mouton, – Reifegradansatz, – aktives Zuhören, – Konfliktverhalten	– Folienvortrag, – Rollenspiel der Trainer, – Zurufliste, – Diskussion, – Videofeedbackübung
Kommunikation	– Sender-Empfänger Modell, – Kommunikationskanäle, – Missverständnisse, – zielorientierte Gesprächsführung	– Folienvortrag, – Diskussion, – Analyse von Kommunikationsproblemen am Arbeitsplatz, – Übung zur Informationsweitergabe im Arbeitsfeld, – Erstellung eines Gesprächsleitfadens
Motivierung	– Wert-mal-Erwartungs-Theorie, – Bedürfnishierarchie, – Ableitung von Motivationsmaßnahmen, – Feedback	– Folienvortrag, – Kleingruppenarbeit, – Diskussion, – Verhaltenstraining zum Feedback

Am Ende des Trainings musste jeder Teilnehmer für sich allein drei Ziele im Hinblick auf die Veränderung des eigenen Verhaltens gegenüber den Mitarbeitern formulieren und in ein vorgefertigtes Formular eintragen. Jedes Formular kam anschließend in einen Briefumschlag, der mit der Adresse der Führungskraft versehen war. Sechs Wochen nach dem Training bekam jeder Teilnehmer diesen Brief, den er gewissermaßen an sich selbst geschrieben hat, zugesandt. Hierdurch erhofften wir uns eine Verbesserung der Transferleistung: Zum einen kann sich der Teilnehmer noch einmal mit einzelnen, ihm besonders wichtig erscheinenden Inhalten des Trainings auseinander setzen und sie auf die eigene Person beziehen. Zum anderen hilft die Zielsetzungsmethode bei der praktischen Umsetzung der gelernten und für wichtig befundenen Inhalte, indem sie das Selbstmanagement der Teilnehmer fördert.

Ummittelbar im Anschluss an die Zielsetzungsübung bekamen die Teilnehmer einen kurzen Evaluationsfragebogen ausgehändigt. Auf einer sechsstufigen Einschätzungsskala sollten sie damit ihre Meinung zum Training dokumentieren. Die Fragen richteten sich auf sechs Aspekte des Trainings (vgl. Abbildung 26). Zusätzlich enthielt der Fragebogen einige offene Fragen zur Erfassung konkreter Verbesserungsvorschläge. Insgesamt wurde das Training sehr positiv bewertet.

Bereich		**Beispielitem**
Trainerverhalten	→	Die Trainer drückten sich verständlich aus. Es gelang den Trainern, mich zu motivieren. Den Einsatz *mehrerer* Trainer fand ich insgesamt positiv.
Organisation	→	Die Informationen über die Veranstaltung im Vorfeld fand ich ausreichend.
Zeitlicher Ablauf	→	Der Zeitrahmen der Veranstaltung war großzügig kalkuliert. Die Anzahl und Länge der Pausen war zu gering.
Trainingsinhalte	→	Die Inhalte waren gut verständlich. Die Inhalte erschienen mir zu knapp thematisiert.
Trainingsmethoden	→	Die Gestaltung der Folien war ansprechend. Allgemein gab es im Verhältnis zu den Inhalten zu wenige Übungen.
Alltagsbezug	→	Der Bezug zum Berufsalltag war immer gegeben. Das Gelernte kann ich zukünftig im Alltag gut umsetzen.

Abbildung 26:
Bereiche und Beispielitems aus dem Evaluationsfragebogen

Bei der Bewertung des Trainings dürfen wir nicht aus dem Auge verlieren, dass unsere Form der Evaluation lediglich die subjektiven Reaktionen der Teilnehmer erfasst. Wir erfahren auf diese Weise nichts über den tatsächlichen Lernerfolg, die Transferleistung oder gar den wirtschaftlichen Nutzen der Maßnahme (vgl. Kirkpatrik, 1960). Es ist durchaus möglich, dass den Teilnehmern ein Training besonders gut gefallen hat, sich aber dennoch kein Lerngewinn nachweisen lässt (vgl. Kanning & Winter, 2004). Dennoch ist eine derartig einfach gestrickte Evaluation besser als gar keine, denn schließlich möchte man ja nicht nur effektive Trainings, sondern auch solche, die überdies den Trainingsteilnehmern gefallen. Hierin spiegeln sich nicht zuletzt auch die sozialen Kompetenzen des Trainers.

6 Weiterführende Literatur

Hinsch, R. & Pfingsten, U. (2002). *Gruppentraining sozialer Kompetenzen (GSK): Grundlagen, Durchführung, Materialien.* Weinheim: Beltz.

Kanning, U. P. (Hrsg.). (2002). *Soziale Kompetenz. Themenheft der Zeitschrift für Psychologie.* Göttingen: Hogrefe.

Kanning, U. P. (2003). *Diagnostik sozialer Kompetenzen.* Göttingen: Hogrefe.

Obermann, C. & Schiel, F. (Hrsg.). (1997). *Trainingspraxis.* Köln: Bachem.

Seyfried, B. (Hrsg.). (1995). *Stolperstein Sozialkompetenz. Was macht es so schwierig sie zu erfassen, zu fördern und zu beurteilen?* Berichte zur Beruflichen Bildung Bd. 179 (S. 77–116). Bielefeld: Bertelsmann.

Voß, B. (Hrsg.). (1996). *Kommunikations- und Verhaltenstrainings.* Göttingen: Verlag für Angewandte Psychologie.

7 Literatur

Achtnich, M. (1992). *Berufsbilder-Test (BBT).* Bern: Huber.

Adenauer, S. (1998). Der Aufbau einer prozessorientierten Arbeitsorganisation hat Auswirkungen auf die Führung. *Zeitschrift für Angewandte Arbeitswissenschaft, 156,* 17–33.

Anton, K.-H. & Weiland, D. (1993). *Soziale Kompetenz: Vom Umgang mit Mitarbeitern.* Düsseldorf: Econ.

Ardelt, E. & Berger, C. (1995). Frauen in Führungspositionen – Analyse und Konsequenzen neuer gesellschaftlicher Anforderungen. In B. Voß (Hrsg.), *Kommunikations- und Verhaltenstrainings* (S. 109–124). Göttingen: Hogrefe.

Argyle, M. (1967). *The psychology of interpersonal behavior.* London: Penguin.

Argyle, M. (1969). *Social interaction.* London: Methuen.

Argyle, M. (1979). *Körpersprache und Kommunikation.* Paderborn: Junfermann.

Argyle, M. (1981). The contribution of social interaction research to social skills training. In J. D. Wine & M. D. Smye (Eds), *Social Competence* (pp. 261–286). New York. Guilford.

Asendorpf, J. B. (2002). Emotionale Intelligenz nein, emotionale Kompetenz ja. *Zeitschrift für Personalpsychologie, 3,* 180–181.

Bandura, A. (1986). *Social foundation of thought and action: A social cognitive theory.* Englewood-Cliffs, NJ: Prentice Hall.

Bargh, J. A. & Chartrand, T. L. (1999). The unbearable automaticity of being. *American Psychologist, 54,* 462–479.

Barrick, M. R., Mount, M. K. & Judge, T. A. (2001). Personality and performance at the beginning of the new millennium: What do we know and where do we go next? *International Journal of Assessment and Selection, 9,* 9–29.

Bastians, F. & Runde, B. (2002). Instrumente zur Messung sozialer Kompetenzen. *Zeitschrift für Psychologie, 210,* 186–196.

Becker, R. E. & Heimberg, R. G. (1988). Assessment of social skills. In A. Bellack & M. Hersen (Eds.), *Behavioral assessment* (pp. 365–395). Oxford: Pergamon Press.

Bergmann, B. & Sonntag, K. (1999). Transfer: Die Umsetzung und Generalisierung erworbener Kompetenzen in den Arbeitsalltag. In K. Sonntag (Hrsg.), *Personalentwicklung in Organisationen* (S. 287–312). Göttingen: Hogrefe.

Bergmann, C. & Eder, F. (1999). *Allgemeiner Interessen-Struktur-Test (AIST) Umwelt-Struktur-Test (UST).* Göttingen: Beltz Test GmbH.

Berkel, K. (1992). *Konflikttraining.* Heidelberg: Sauer.

Bierhoff, H. W. (2002). Prosoziales Verhalten. In W. Stroebe, K. Jona & M. Hewstone (Hrsg.), *Sozialpsychologie. Eine Einführung* (S. 319–351). Berlin: Springer.

Blake, R. R. & Mouton, J. S. (1964). *Verhaltenspsychologie im Betrieb.* Düsseldorf: Econ.

Borkenau, P. & Ostendorf, F. (1993). *NEO-Fünf-Faktoren-Inventar (NEO-FFI).* Göttingen: Hogrefe.

Borman, W. C., Penner, L. A., Allen, T. D. & Motowidlo, S. J. (2001) Personality predictors of citizenship performance. *International Journal of Selection and Assessment, 9,* 52–69.

Burke, M. J. & Day, R. D. (1986). A cummulative study of the effectiveness of managerial training. *Journal of Applied Psychology, 71,* 232–245.

Burleson, B. R. & Samter, W. (1994). A social skills approach to relationship maintenance. In D. J. Canary & L. Stafford (Eds.), Communication and relational maintenance (pp. 61–90). San Diego: Acedemic Press.

Cantor, N. & Harlow, R. E. (1994). Social intelligence and personality: Flexible life task pursuit. In R. J. Sternberg & P. Ruzgis (Eds.), *Personality and Intelligence* (pp. 137–168). Cambridge: Cambridge University Press.

Clement, U. & Clement, U. (2000). Interkulturelle Trainings. In E. Regnet & L. M. Hofmann (Hrsg.), *Personalmanagement in Europa* (S. 212–223). Göttingen: Verlag für Angewandte Psychologie.

Crick, N. R. & Dodge, K. A. (1994). A review and reformulation of social information-processing mechanisms in children's social adjustment. *Psychological Bulletin, 115,* 74–101.

Crisand, E. (2002). *Soziale Kompetenz als persönlicher Erfolgsfaktor.* Heidelberg: Sauer.

Decker, P. J. & Natham, B. R. (1985). *Behavioral modeling training.* New York: Praeger.

Döring, K. W. (1991). *Praxis der Weiterbildung: Analysen, Reflexionen, Konzepte.* Weinheim: Deutscher Studien Verlag.

DuBois, D. L. & Felner, R. D. (1996). The quadripartite model of social competence. In M. A. Reinecke, F. M. Dattilio & A. Freeman (Eds.), *Cognitive therapy with children and adolescents* (pp. 124–152). New York: Guilford.

Eder, G. (1996). „Soziale Handlungskompetenz" als Bedingung und Wirkung interkultureller Begegnung. In A. Thomas (Hrsg.), *Psychologie interkulturellen Handelns* (S. 411–422). Göttingen: Hogrefe.

Etzel, S. & Küppers, A. (2000). *pro facts.* Nürnberg: pro facts assessment & training.

Fahrenberg, J., Hample, R. & Selg, H. (1999). *Das Freiburger Persönlichkeitsinventar (FPI-R).* Göttingen: Hogrefe.

Faix, W. G. & Laier, A. (1989). *Soziale Kompetenz. Beiträge zur Gesellschafts- und Bildungspolitik Bd. 151. Institut der deutschen Wirtschaft.* Köln: Deutscher Instituts-Verlag.

Faix, W. G. & Laier, A. (1991). *Soziale Kompetenz: Das Potential zum unternehmerischen und persönlichen Erfolg.* Wiesbaden: Gabler.

Feldman, R. S., Philippot, P. & Custrini, R. J. (1991). Social competence and nonverbal behavior. In R. S. Feldman & B. Rimé (eds.), *Fundamentals of nonverbal behavior* (pp. 329–351). Cambridge: Cambridge University Press.

Fennekels, G. P. (1995). *Qualitative Führungsstilanalyse (QFA).* Göttingen: Hogrefe.

Fennekels, G. P. (1999). *Multidirektionales Feedback – MDF.* Göttingen: Hogrefe.

Fennekels, G. P. & D'Souza, S. (1999). *Managementfallstudien (MFA).* Göttingen: Hogrefe.

Ferris, G. R., Witt, L. A. & Hochwarter, W. A. (2001). Interaction of social skill and general mental ability on job performance and salary. *Journal of Applied Psychology, 86,* 1075–1082.

Fiegel, R., Muck, P. M. & Schuler, H. (2001). Mitarbeitergespräche. In H. Schuler (Hrsg.), *Lehrbuch der Personalpsychologie* (S. 433–482). Göttingen: Hogrefe.

Ford, M. E. (1985). The concept of competence: Themes and variations. In H. A. Marlowe & R. B. Weinberg (Eds.), *Competence development.* (pp. 3–49). Springfield: Thomas Publishers.

Forgas, J. P. (1987). *Soziale Interaktion und Kommunikation.* Weinheim: Psychologie Verlags Union.

Friedel-Howe, H. (1990). Ergebnisse und offene Fragen der geschlechtervergleichenden Führungsforschung. *Zeitschrift für Arbeits- und Organisationspsychologie, 34,* 3–16.

Fuchs, R. (1995). *Psychologie als Handlungswissenschaft.* Göttingen: Hogrefe.

Funke, U. & Schuler, H. (1998). Validity of stimulus and response components in a video test of social competence. *International Journal of Selection and Assessment, 2,* 115–123.

Geißler, J. (1995). *Szenische Medien.* Göttingen: Hogrefe.

Goleman, D. (1995). *Emotional intelligence: Why it can matter more than IQ.* New York: Bantam.

Graf, A. (2002). Schlüsselqualifikation soziale Kompetenz: Eine Vergleichsstudie in deutschen und US-amerikanischen Versicherungsunternehmen. *Zeitschrift für Personalforschung, 16,* 376–391.

Greif, S. (1987). Soziale Kompetenzen. In D. Frey & S. Greif (Hrsg.), *Sozialpsychologie. Ein Handbuch in Schlüsselbegriffen* (S. 312–320). München: Psychologie Verlags Union.

Halberstadt, A. G., Denham, S. A. & Dunsmore, J. C. (2001). Affective social competence. *Social Development, 10,* 79–119.

Heller, K. (2002). Intelligenz: allgemein oder domain-spezifisch? *Zeitschrift für Personalpsychologie, 1,* 179–180.

Henning-Thurau, T. & Thurau, C. (1999). Sozialkompetenz als vernachlässigter Untersuchungsgegenstand des (Dienstleistungs-)Marketing. *Marketing, 4,* 297–311.

Hinsch, R. & Pfingsten, U. (2002). *Gruppentraining sozialer Kompetenzen (GSK): Grundlagen, Durchführung, Materialien.* Weinheim: Psychologie Verlags Union.

Höft, S. & Funke, B. (2001). Simulationsorientierte Verfahren der Personalauswahl. In H. Schuler (Hrsg.), *Lehrbuch der Personalpsychologie* (S. 135–173). Göttingen: Hogrefe.

Hoffrage, U. (1993). Die Illusion der Sicherheit bei Entscheidungen unter Unsicherheit. In W. Hell, K. Fiedler & G. Gigerenzer (Hrsg.). *Kognitive Täuschungen* (S. 73–97). Heidelberg: Spektrum.

Holling, H., Kanning, U. P. & Hofer, S. (2003). Das Personalauswahlverfahren „Soziale Kompetenz" (SOKO) der Bayerischen Polizei. In L. v. Rosenstiel & J. Erpenbeck (Hrsg.). *Handbuch Kompetenzmessung* (S. 126–139). Stuttgart: Schäffer Poeschel.

Holling, H. & Liepmann, D. (2003). Personalentwicklung. In H. Schuler (Hrsg.), *Lehrbuch Organisationspsychologie* (S. 345–383). Bern: Huber.

Hossiep, R. & Paschen, M. (2003). *Bochumer Inventar zur berufsbezogenen Persönlichkeitsbeschreibung (BIP)* (2. vollst. überarb. Aufl.). Göttingen: Hogrefe.

Hossiep, R., Paschen, M. & Mühlhaus, O. (2000). *Persönlichkeitstests im Personalmanagement.* Göttingen: Verlag für Angewandte Psychologie.

Janker, P. & Merklinger, W. (1988). *Alkoholismus und soziale Kompetenz.* Frankfurt a. M.: Lang.

Judge, T. A., Heller, D. & Mount, M. K. (2002). Five-factor model of personality and job satisfaction: A meta-analysis. *Journal of Applied Psychology, 87,* 530–541.

Jones, K. & Day, J. D. (1997). Discrimination of two aspects of cognitive-social intelligence from academic intelligence. *Journal of Educational Psychology, 89,* 486–497.

Kanfer, F. H., Reinecker, H. & Schmelzer, D. (2000). *Selbstmanagement-Therapie.* Berlin: Springer.

Kanning, U. P. (1999a). *Soziale Kompetenz.* Unveröffentlichtes Manuskript Universität Münster.

Kanning, U. P. (1999b). *Die Psychologie der Personenbeurteilung.* Göttingen: Hogrefe.

Kanning, U. P. (2001). *Psychologie für die Praxis: Perspektiven einer nützlichen Forschung und Ausbildung.* Göttingen: Hogrefe.

Kanning, U. P. (Hrsg.). (2002a). *Soziale Kompetenz.* Themenheft der Zeitschrift für Psychologie. Göttingen: Hogrefe.

Kanning, U. P. (2002b). Soziale Kompetenz: Definition, Strukturen und Prozesse. *Zeitschrift für Psychologie, 210,* 154–163.

Kanning, U. P. (2002c). Soziale Kompetenzen von Polizeibeamten. *Polizei und Wissenschaft, 3,* 18–30.

Kanning, U. P. (2003a). *Diagnostik sozialer Kompetenzen.* Göttingen: Hogrefe.

Kanning, U. P. (2003b). Computergestützte Messung sozialer Kompetenzen in der Personalauswahl. In T. Stäudel (Hrsg.), *Wirtschaftspsychologie: Ein Fach etabliert sich. Bericht über die 9. Tagung der Gesellschaft für angewandte Wirtschaftspsychologie 2003, Hochschule Harz Wernigerode* (S. 7–17). Hochschule Harz: Harzer Hochschultexte.

Kanning, U. P. (2004). *Standards der Personaldiagnostik.* Göttingen: Hogrefe.

Kanning, U. P. & Bergman, N. (in Druck). Bedeutung sozialer Kompetenzen für die Kundenzufriedenheit. *Zeitschrift für Arbeits- und Organisationspsychologie.*

Kanning, U. P., Hofer, S. & Schulze Willbrenning, B. (2004). *Professionelle Personenbeurteilung: Ein Trainingsmanual.* Göttingen: Hogrefe.

Kanning, U. P. & Holling, H. (Hrsg.). (2002). *Handbuch personaldiagnostischer Instrumente.* Göttingen: Hogrefe.

Kanning, U. P. & Holling, H. (2004). Potenzialbeurteilung. In E. Gaugler, W. A. Oechsler & W. Weber (Hrsg.), *Handwörterbuch des Personalwesens* (S. 1685–1692). Stuttgart: Schäffer-Poeschel.

Kanning, U. P. & Walter, M. (2003). Systematisches Training sozialer Kompetenzen. *Personalführung 4/2003,* 38–42.

Kanning, U. P. & Winter, B. (2004). Outdoor-Trainings zwischen Anspruch und Wirklichkeit: Exemplarische Evaluation eines Indoor- und eines Outdoor-Trainings zur Verbesserung der Teamfähigkeit. *Personalführung 5/2004,* 64–69.

Kessler, J., Ehlen, P., Halber, M. & Bruckbauer, T. (1999). *Namen-Gesichter-Assoziationstest (NGA).* Göttingen: Hogrefe.

Kirkpatrick, D. L. (1960). Techniques for evaluating training programms. *Journal of the American Society of Training Directors, 14,* 13–18, 28–32.

Kleinmann, M. (2003). Assessment Center. Göttingen: Hogrefe.

Koreimann, D. S. (2002). *Projektmanagement: Technik, Methodik, soziale Kompetenz.* Heidelberg: Sauer.

Kosmitzki, C. & John, O. P. (1993). The implicit use of explicit conceptions of social intelligence. *Personality and Individual Differences, 15,* 11–23.

Krause, G. (1999). Soziale Kompetenz als Ressource – Beiträge der 1. Phase der Lehrerausbildung zur Buroutprävention. In C. Enders (Hrsg.), *Lebensraum – Lebenstraum – Lebenstrauma Schule* (142–149). Bonn: Deutscher Psychologen Verlag.

Lewin, K., Lippitt, R. & White, R. K. (1939). Patterns of aggression behavior in experimentally created social climates. *Journal of Social Psychology, 10,* 271–299.

Mangels, P. (1995). Nur derjenige, der selbst sozial kompetent ist, kann auch soziale Kompetenz vermitteln. In B. Seyfried (Hrsg.), *Stolperstein Sozialkompetenz. Was macht es so schwierig sie zu erfassen, zu fördern und zu beurteilen? Berichte zur Beruflichen Bildung Bd. 179* (S. 53–66). Bielefeld: Bertelsmann.

Marcus, B. & Schuler, H. (2001). Leistungsbeurteilung. In H. Schuler (Hrsg.), *Lehrbuch der Personalpsychologie* (S. 397–431). Göttingen: Hogrefe.

Marlowe, H. A. (1986). Social intelligence: Evidence for multidimensionality and construct independence. *Journal of Educational Psychology, 78,* 52–58.

Merz, F. (1979). *Geschlechterunterschiede und ihre Entwicklung.* Göttingen: Hogrefe.

Miller, G. A., Galanter, E. & Pribram, K. H. (1960). *Plans and the structure of behavior.* New York: Holt.

Mummendey, H. D. (1995). *Psychologie der Selbstdarstellung.* Göttingen: Hogrefe.

Motowidlo, S. J., Dunnette, M. D. & Carter, G. W. (1990). An alternative selection procedure: The low-fidelity simulation. *Journal of Applied Psychology, 75,* 640–647.

Moss, F. A., Hunt, T., Omwake, K. T. & Ronning, M. M. (1927). *Social Intelligence Test.* Washington: Center for Psychological Service.

Nerdinger, F. W. (1995). *Motivation in Organisationen.* Stuttgart: Kohlhammer.

Neubauer, A. C. & Freudenthaler, H. H. (2002). Sind emotionale Traits als Fähigkeit messbar? *Zeitschrift für Personalpsychologie, 1,* 177–178.

Neuberger, O. (1995). *Führen und geführt werden* (5. Aufl.). Stuttgart: Enke.

Obermann, C. & Schiel, F. (Hrsg.). (1997). *Trainingspraxis.* Köln: Bachem.

Obermann, K. & Weber, E. (1997). *Frauensprache – Männersprache: Die verschiedenen Kommunikationsstile von Männern und Frauen.* Landsberg am Lech: mvg.

Orlik, P. (1978). Soziale Intelligenz. In K. J. Klauer (Hrsg.), *Handbuch der Pädagogischen Diagnostik* (S. 341–354). Düsseldorf: Swann.

Ostendorf, F. & Angleitner, A. (2003). *NEO-Persönlichkeitsinventar nach Cost und McCrae, revidierte Form (NEO-PI-R).* Göttingen: Hogrefe.

O'Sullivan, M. & Guilford, J. P. (1966). *Six factor test of social intelligence.* Beverly Hills: Sheridian Psychological Services.

Rauen, C. (Hrsg.). (2002). *Handbuch Coaching.* Göttingen: Hogrefe.

Regnet, E. (2001). *Konflikte in Organisationen.* Göttingen: Verlag für Angewandte Psychologie.

Rheinberg, F. (2002). *Motivation* (4. Aufl.). Stuttgart: Kohlhammer.
Riemann, R. & Allgöwer, A. (1993). Eine deutschsprachige Fassung des „Interpersonal Competence Questionnaire“ (ICQ). *Zeitschrift für Differentielle und Diagnostische Psychologie, 14,* 153–163.
Riggio, R. E. (1986). Assessment of basic social skills. *Journal of Personality and Social Psychology, 51,* 649–660.
Runde, B. (2001). *Multimodales Assessment sozialer Kompetenzen.* Osnabrück: Methodos.
Rosenstiel, L. v. (1999). Entwicklung von Werthaltungen und interpersonaler Kompetenz – Beiträge der Sozialpsychologie. In K. Sonntag (Hrsg.), *Personalentwicklung in Organisationen. Psychologische Grundlagen, Methoden und Strategien* (S. 99–122). Göttingen: Hogrefe.
Rosenstiel, L. v. (2001). Führung. In H. Schuler (Hrsg.), *Lehrbuch der Personalpsychologie* (S. 317–347). Göttingen: Hogrefe.
Salgado, J. F. (1997). The five factor model of personality and job performance in the European community. *Journal of Applied Psychology, 82,* 30–43.
Salovey, P. & Mayer, J. D. (1990). Emotional Intelligence. *Imagination, Cognition and Personality, 9,* 185–211.
Salovey, P. & Mayer, J. D., Goldman, S. L., Turvey, C. & Palfai, T. P. (1995). Emotional attention, clarity, and repair: Exploring emotional intelligence using the trait meta-mood-scale. In J. W. Pennebaker (Ed.), *Emotion, disclosure, and health* (pp. 125–144). Washington DC: American Psychological Association.
Schaufler, B. (2000). *Frauen in Führung: Von Kompetenzen, die erkannt und genutzt werden wollen.* Bern: Huber.
Scherm, M. & Sarges, W. (2002). *360°-Feedback.* Göttingen: Hogrefe.
Schmidt, F. L. & Hunter, J. E. (1998). The validity and utility of Selection methods in personnel psychology: practice and theoretical implications of 85 years of research findings. *Psychological Bulletin, 124,* 262–274.
Schmidt, J. U. (1995). Psychologische Meßverfahren für soziale Kompetenzen. In B. Seyfried (Hrsg.), *Stolperstein Sozialkompetenz. Was macht es so schwierig sie zu erfassen, zu fördern und zu beurteilen? Berichte zur Beruflichen Bildung Bd. 179* (S. 117–135). Bielefeld: Bertelsmann.
Scholz, G. & Schuler, H. (1993). Das nomologische Netzwerk des Assessment Centers: Ein Metaanalyse. *Zeitschrift für Arbeits- und Organisationspsychologie, 37,* 73–85.
Schraps, U. (2002). Geschlechtsrollenstereotypen und Konfliktmanagement. *Wirtschaftspsychologie, 9,* 41–44.
Schuler, H. (2000). *Psychologische Personalauswahl.* Göttingen: Verlag für Angewandte Psychologie.
Schuler, H. (2001). Arbeits- und Anforderungsanalyse. In H. Schuler (Hrsg.), *Lehrbuch der Personalpsychologie* (S. 42–61). Göttingen: Hogrefe.
Schuler, H. (2002). Emotionale Intelligenz – ein irreführender und unnötiger Begriff. *Zeitschrift für Personalpsychologie, 1,* 138–140.
Schuler, H. & Barthelme, D. (1995). Soziale Kompetenz als berufliche Anforderung. In B. Seyfried (Hrsg.), *Stolperstein Sozialkompetenz. Was macht es so schwierig sie zu erfassen, zu fördern und zu beurteilen? Berichte zur Beruflichen Bildung Bd. 179* (S. 77–116). Bielefeld: Bertelsmann.
Schuler, H. & Marcus, B. (2001). Biographieorientierte Verfahren der Personalauswahl. In H. Schuler (Hrsg.), *Lehrbuch der Personalpsychologie* (S. 175–212). Göttingen: Hogrefe.
Sczesny, S. & Stahlberg, D. (2002). Geschlechtsstereotype Wahrnehmung von Führungskräften. *Wirtschaftspsychologie, 9,* 35–40.

Sieben, B. (2003). Emotionale Intelligenz: Die Tücken eines Trends. *Zeitschrift für Personalpsychologie, 2,* 26–28.

Sonntag, K. (Hrsg.). (1999). *Personalentwicklung in Organisationen.* Göttingen: Hogrefe.

Sonntag, K. (2002). Personalentwicklung und Training: Stand der psychologischen Forschung und Gestaltung. *Zeitschrift für Personalpsychologie, 2,* 59–79.

Sonntag, K. & Schaper, N. (1999). Förderung beruflicher Handlungskompetenz. In K. Sonntag (Hrsg.), *Personalentwicklung in Organisationen* (S. 211–244). Göttingen: Hogrefe.

Sonntag, K. & Schaper, N. (2001). Wissensorientierte Verfahren der Personalentwicklung. In H. Schuler (Hrsg.), *Lehrbuch der Personalpsychologie* (S. 241–263). Göttingen: Hogrefe.

Spitzberg, B.H. & Dillard, P. (2002). Social skills and communication. In M. Allen, R.W. Preiss, B.M. Gaye & N.M. Burell (Eds.), *Interpersonal communication research: Advances through meta-analysis* (pp. 89–107). Mahwah NJ: Erlbaum.

Sternberg, R. (1985). *Beyond IQ: A triarchic theory of human intelligence.* Cambridge: Cambridge University Press.

Sternberg, R.J. & Smith, L. (1985). Social intelligence and decoding skills in nonverbal communication. *Social Cognition, 3,* 168–192.

Tett, R.P., Jackson, D.N. & Rothstein, M. (1991). Personality measures as predictors of job performance: A meta-analytic review. *Personnel Psychology, 44,* 703–742.

Tewes, U., Rossmann, P. & Schallberger, U. (Hrsg.). (2000). *Hamburg-Wechsler-Intelligenztest für Kinder III (HAWIK-III).* Bern: Huber.

Thomas, A. (Hrsg.). (1996). *Psychologie interkulturellen Handelns.* Göttingen: Hogrefe.

Thorndike, E.L. (1920). Intelligence and its usc. *Hurper's Magazine, 140,* 227–235.

Voß, B. (Hrsg.). (1996). *Kommunikations- und Verhaltenstrainings.* Göttingen: Verlag für Angewandte Psychologie.

Wagner, D. (1995). *Arbeitszeitmodelle.* Göttingen: Verlag für Angewandte Psychologie.

Walter, M. & Kanning, U.P. (2003). Wahrgenommene soziale Kompetenzen von Vorgesetzten und Mitarbeiterzufriedenheit. *Zeitschrift für Arbeits- und Organisationspsychologie. 47,* 152–157.

Waters, E. & Sroufe, L.A. (1983). Social competence as a developmental construct. *Developmental Review, 3,* 79–97.

Weekley, J.A. & Jones, C. (1997). Video-based situational testing. *Personnel Psychology, 50,* 25–49.

Witt, L.A. & Ferris, G.R. (2003). Social skill as moderator of the conscientiousness-performance relationship: Convergent results across four studies. *Journal of Applied Psychology, 88,* 809–820.

Uwe Peter Kanning

Diagnostik sozialer Kompetenzen

(Reihe: »Kompendien Psychologische Diagnostik«, Band 4)
2003, 138 Seiten,
€ 19,95 / sFr. 33,90
ISBN 3-8017-1641-4

Soziale Kompetenzen bilden die Basis für Wohlergehen und Erfolg im zwischenmenschlichen Bereich. In der Wirtschaft zählen soziale Kompetenzen daher zu Recht zu den sog. Schlüsselqualifikationen. Der Band gibt einen ebenso anschaulichen wie praxisnahen Einblick in die unterschiedlichsten Methoden zur Diagnose sozialer Kompetenzen.

Uwe Peter Kanning

Standards der Personaldiagnostik

2004, 607 Seiten, geb.,
€ 49,95 / sFr. 86,–
ISBN 3-8017-1701-1

Inkl. Wortlaut DIN 33430

Auf dem Hintergrund der 2002 verabschiedeten DIN 33430, die grundlegende Qualitätsstandards für die berufsbezogene Eignungsbeurteilung festschreibt, vermittelt dieser Band praxisorientiert die Grundlagen einer professionellen Personaldiagnostik. In anschaulicher Weise wird der Prozess der Entwicklung neuer Verfahren von der Anforderungsanalyse bis hin zur Evaluation des wirtschaftlichen Nutzens beschrieben. In Form von so genannten »Standards« werden konkrete Handlungsanweisungen für die Praxis gegeben.

Uwe Peter Kanning / Stefan Hofer
Birgit Schulze Willbrenning

Professionelle Personenbeurteilung

Ein Trainingsmanual

2004, 426 Seiten,
€ 49,95 / sFr. 86,–
ISBN 3-8017-1799-2

Viele Berufsgruppen beschäftigen sich mit der Beurteilung anderer Menschen. Das Manual ist aus mehreren beliebig kombinierbaren Modulen aufgebaut, mit deren Hilfe die Prozesse der Personenbeurteilung qualitativ verbessert werden können. Die Trainingsmodule umfassen neben einer auch für den psychologischen Laien verständlichen Beschreibung von Forschungsergebnissen und psychologischen Methoden umfangreiche Materialien zur Durchführung von Trainings. Die Module lassen sich zur Aus-, Fort- und Weiterbildung sowie zum Selbststudium einsetzen.

Christopher Rauen (Hrsg.)

Handbuch Coaching

(Reihe: »Innovatives Management«)
3., überarbeitete und erweiterte Auflage 2005, 559 Seiten, geb.,
€ 49,95 / sFr. 86,–
ISBN 3-8017-1873-5

Das Standardwerk bietet einen aktuellen und fundierten Überblick zu den Grundlagen, Konzepten und der Praxis von Coaching. In der Neuauflage werden u.a. ausführlich verschiedene Handlungsfelder aufgezeigt und anhand zahlreicher Beispiele Coaching-Prozesse dargestellt.

Besuchen Sie uns im Internet:
www.hogrefe.de

HOGREFE

Hogrefe Verlag GmbH & Co. KG
Rohnsweg 25 · 37085 Göttingen · Tel.: (0551) 49609-0 · Fax: -88
E-Mail: verlag@hogrefe.de · Internet: www.hogrefe.de